北京交通大学哲学社会科学文库

建筑与抽象绘画

韩林飞　闫国强　兰　棋　王　岩　著

北京交通大学出版社
·北京·

内 容 简 介

本书由 7 章构成,从抽象绘画的诞生与发展到建筑空间的构成要素与组合,从抽象绘画的空间观到抽象绘画对建筑空间设计的启示,探究了现代建筑的空间观与抽象绘画的联系,并以现代建筑创始者勒·柯布西耶与世界著名建筑师扎哈·哈迪德为例,通过分析其专业经历、绘画创作和建筑设计作品,深入阐述了抽象绘画与建筑空间构成的关联性,最后辅以抽象绘画与建筑空间构成转化实例,对当前我国建筑设计课的基础教学的改进提出了探索性建议。

本书主要面向建筑学相关专业从业人员及相关领域爱好者。

版权所有,侵权必究。

图书在版编目(CIP)数据

建筑与抽象绘画 / 韩林飞等著. —北京:北京交通大学出版社,2018.10
(北京交通大学哲学社会科学文库)
ISBN 978-7-5121-3730-1

Ⅰ. ① 建… Ⅱ. ① 韩… Ⅲ. ① 建筑画–绘画技法–研究 Ⅳ. ①TU204

中国版本图书馆 CIP 数据核字(2018)第 221819 号

建筑与抽象绘画
JIANZHU YU CHOUXIANG HUIHUA

策划编辑:叶 霖 责任编辑:叶 霖
出版发行:北京交通大学出版社 电话:010-51686414 http://www.bjtup.com.cn
地 址:北京市海淀区高梁桥斜街 44 号 邮编:100044
印 刷 者:艺堂印刷(天津)有限公司
经 销:全国新华书店
开 本:170 mm×220 mm 印张:14.75 字数:369 千字
版 次:2018 年 10 月第 1 版 2018 年 10 月第 1 次印刷
书 号:ISBN 978-7-5121-3730-1/TU·179
定 价:98.00 元

本书如有质量问题,请向北京交通大学出版社质监组反映。对您的意见和批评,我们表示欢迎和感谢。
投诉电话:010-51686043,51686008;传真:010-62225406;E-mail:press@bjtu.edu.cn。

序

　　《建筑与抽象绘画》是北京交通大学建筑与艺术学院韩林飞教授等所著的一部探究建筑设计与抽象绘画关系的书籍，是一部适应我国当前高校建筑教育改革潮流和需求、关于建筑造型设计基础教育的学术佳作。

　　建筑来源于绘画，绘画使建筑变得更丰盈。自绘画与建筑学科诞生以来，建筑与绘画之间的关系便是极富奥妙的，并总能给人以惊喜。二者在本质上有着同一性的关系，绘画在某种意义上是一种表现在二维世界中较为抽象的艺术作品，而建筑则是建立在三维中的立体构成。20世纪伟大的建筑师、教育家格罗皮乌斯认为：绘画融入了人类最丰富的想象，涉及了对当代与未来的思考，人们可以从绘画中找到发展新建筑的动力。今天，这个观点仍然鲜活有力，甚至在未来很长一段时间里都是不过时的、受用的。因此，探究建筑与抽象绘画之间的千丝万缕，从抽象绘画汲取建筑造型创作灵感和启迪，在满足需求中不断推动建筑风格的变化、建筑设计理念的创新、建筑设计技术的发展，具有重要的现实意义和学术价值。

　　韩林飞教授在历史悠久的莫斯科建筑学院接受过建筑学的系统学习和艺术教育的熏陶，又在北京交通大学从教多年，主要从事建筑构成、建筑造型创作理论与方法、现代建筑造型研究等课程的实践教学工作，结合自己在俄罗斯留学多年所闻、所见和所学，总结了一套融入绘画艺术的建筑构成基础教学经验与方法，并将其加工、提炼、编纂后著书出版。

　　本书从阐述抽象绘画的起源、发展和运行轨迹入手，对比建筑空间，探讨现代建筑的空间观与抽象绘画之间的联系；在时间轴上，先以现代建筑创始人勒·柯布西耶及其抽象绘画与建筑作品为例，印证绘画大师夏尔·艾普拉特尼尔、奥占芳、莱热和毕加索对这位建筑巨匠建筑创作的影响，挖掘其职业生涯早期、过渡时期和晚期抽象绘画与建筑空间构成的关联性，分析其设计思想的变化和进步，后以深受苏联先锋派艺术运动流派影响的现代杰出建筑师扎哈·哈迪德及其作品为范例深入探究抽象绘画与建筑之间的联系；最后，通过列举抽象绘画向建筑空间转化的案例阐释抽象绘画与建筑空间构成的转化的理论与方法，并针对抽象绘画与建筑空间构成基础教学的融合思路与途径提出了科学意见。

　　本书所述各章节是韩林飞教授在俄罗斯莫斯科建筑学院、意大利米兰理工大学、北京工业大学和北京交通大学任教时收集整理的教学研究成果，是这四所学校多位教师与学生共同研究的成果，也是建筑学专业建筑抽象与建筑表达专业课的主要内容，适用于建筑设计类爱好者阅读和参考。希望本书的面世能激励更多的建筑专业从业者关注、思考和推动抽象绘画与建筑构成基础教育的改革与创新发展，在创新性设计人才的培育方面迸发积极力量。

　　特为序。

中国工程院院士

中国建筑勘察设计大师

2017年11月5日

前　言

　　传统的七大艺术门类指的是文学、音乐、舞蹈、戏剧、绘画、建筑、雕塑。在这样的划分中，建筑与绘画被划为两大不同的门类。无论是在东方还是西方，传统的绘画与建筑呈现出完全不同的表现方式。在 19 世纪前，绘画注重以客观的写实与描绘为空间表达手段，以一点透视，在特定的时刻、某个时间点来通过色彩、光线等技法展示绘画的空间。而建筑的空间则满足特定的空间功能需求，每一个建筑空间完成一个特殊的功能要求，建筑空间也呈现出"时间点"的概念，但缺乏时间的流动与空间的渗透。可以说，传统的建筑与绘画空间展示的是时间与空间一致的写实理念，"时空一致"准确地说明了人类当时的艺术表现观念。

　　自 19 世纪初以来，西方抽象派绘画展示了人类新的视觉观察与空间体验，阐释了新的工业革命技术条件下人类的新"时空观"。特别是西方绘画对东方散点透视理念的引入，使得西方现代抽象绘画从描绘一个时间点扩展到展现时间段，画面的空间感与时间感更加丰富，人类认知客观世界的方法也由简单的客观写实与描绘，演进到复杂的客观抽象与立体，表现出人类认知世界的进步。建筑空间也更加强调时间与空间的连续性和流动性，空间的流动与渗透成为现代建筑的主旋律。

　　这也导致了抽象派画作与建筑师的设计表达难分你我，如艺术家的平面画作与建筑师的设计图纸表达、当代艺术家的装置作品与建筑师的模型作品越来越趋同化，在当代美术馆的展览中，现代抽象画派与建筑艺术的门类如此相近，可以相互借鉴、相互融合。现代抽象画派对客观世界的理解、新的时空观，极大地影响到建筑师的空间构成，究其原因，是绘画更具有感觉的直接性，表达随意，在一张画纸上可以随时有感而发，自由地表达自己的思想。而建筑艺术则不同，它需要更多的投入，更多的配合，更多的技术，更好的机会。这就是现代建筑空间艺术晚于现代抽象绘画出现的原因，这也凸显了早期西方先锋派建筑师抽象图形语言的可贵。而通过对现代抽象绘画的空间观的深入解读，对现代建筑空间观的仔细探研，可以发现二者具有更为紧密、更深层次的联系。

本书由 7 章构成，从抽象绘画的诞生与发展到建筑空间的构成要素与组合，从抽象绘画的空间观到抽象绘画对建筑空间设计的启示，探究了现代建筑的空间观与抽象绘画的联系，并以现代建筑创始者勒·柯布西耶与世界著名建筑师扎哈·哈迪德为例，通过分析其专业经历、绘画创作和建筑设计作品，深入阐述了抽象绘画与建筑空间构成的关联性，最后辅以抽象绘画与建筑空间构成转化实例，对当前我国建筑设计课的基础教学的改进提出了探索性建议。

希望本书对现代抽象绘画与建筑的探讨研究，能够为现代建筑空间造型艺术提供新思路，并为完善当前国内高校建筑教育内容设置、艺术修养培养模式提供可借鉴的参考。

著 者

2018 年 9 月

目录

第1章
现代抽象绘画与建筑空间

1.1 抽象绘画

抽象一词原指从众多事物中"萃取""提炼""抽取"基本的、共同的、本质元素或形象。现在指通过人脑的分析与综合，运用概念的方式再现对象本质的方法。抽象绘画是由形象、色彩、线条、空间等绘画的基本元素组成的具有独立秩序的造型艺术，与写实绘画的表现现实世界完全不同。1910年，康定斯基创作了第一幅水彩抽象画——标志着抽象绘画的诞生。这种绘画形式不仅在国际画坛上掀起了阵阵旋风，也促进了人类艺术运动向前发展。抽象艺术是20世纪现代艺术的主流，它涌现出现代主义的诸多流派，如野兽主义、立体主义、未来主义、达达主义、超现实主义、表现主义、纯粹主义等。抽象艺术也可称为造型艺术，它的发展一直影响着建筑艺术的发展。

1.1.1 抽象绘画的诞生

从中国与西方的绘画发展史来看，抽象绘画诞生于20世纪。在中国，水墨画兴起于公元8世纪的唐朝。中国的水墨画采用多点透视的方法，一直处于具象与抽象之间，从未达到过完全的抽象。在西方，中世纪文艺复兴的绘画都是为宗教服务，以宗教作为绘画的主要创作题材。到17世纪，绘画多以叙事题材为主题，为文学服务。到19世纪，画家开始以生活作为创作的主题，细腻逼真地描绘肉眼所能观察的世界，使写实主义达到极致。西方的绘画一直都与现实世界保持着联系，画家们努力在二维的平面上表现三维的真实世界。到19世纪末，画家开始利用写实绘画的外形、空间的变换等技法表现对现实世界的一种理解或是一种"幻觉"。这种绘画，将自然界的事物变形、转化，但依然不能切断与自然和现实的关系。直到20世纪初，一种新的绘画形式——抽象绘画出现，它摆脱了宗教、文学、自然写实的影响，凭借绘画的基本构成元素组成具有独立构成秩序的"造型世界"。表1-1是抽象绘画与写实绘画的比较。

表 1-1　抽象绘画与写实绘画的比较

	色彩	形象	空间	线条	题材
抽象绘画	表现的、光学的，色彩能够独自构成画面及题材，并发挥本身的特质功能，具有独特的精神性	和外在世界的一切物体脱离关系，是画家内在生命发展历程的感性记录，其形象是可辨识的"无可名之形"，具有精神性	不受物理空间制约（无维度限制）的自律空间，具有精神性与主观性	表现的，能独立存在，是内在的，是色区间的分界线	创作舍弃自然题材及文学性，还原绘画的基本元素
写实绘画	描绘的、光学的、依附自然或物相自然色，而忽略色彩本身和功能	描述对象的皮相外貌，故其形象是可辨识的	透视学的远近与物理的空间，受维度的控制	勾勒对象的轮廓，是外在的	以再现自然外貌为主旨

　　第一幅抽象绘画是俄国艺术家康定斯基 1910 年创作的《抽象构成》（图 1-1）。康定斯基曾说，这幅绘画给他带来了莫大的启示：当画面的形象和色彩依附自然主题时，观赏者总会在画面上寻找画家画的是什么，而忽略了形象和色彩固有的特质与功能，若将形象与色彩从自然的主题中释放，则会发挥绘画的特质与功能。20 世纪诞生的抽象绘画属于"造型艺术"——由绘画的基本构成要素组成，即形象、色彩、线条、空间的组合，它摆脱了实用性与装饰性，只讲究绘画元素之间的构成关系。抽象绘画是由色彩、形象和线条所创造出来的音乐，是"视觉的音乐"。抽象绘画是研究形式与构成的绘画。

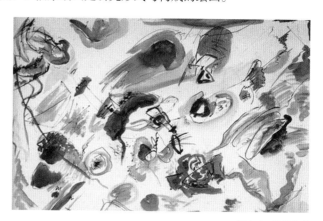

图 1-1　抽象构成

1.1.2 抽象绘画的发展

到 20 世纪，抽象绘画开始发展，在欧洲各国先后出现许多抽象绘画流派，这些流派大致可以分为构成主义、立体主义、新造型主义、至上主义、未来主义。柯布西耶的抽象绘画也受到了当时许多抽象绘画流派的影响。

1. 构成主义

1921 年，《构成主义宣言》诞生并传达了构成主义的理念。起初，画家在绘画中表现一些与人民生活关系密切的非传统绘画材料，如石材、木材、金属、玻璃等。之后，画家从绘画的平面构成逐渐转向立体构成，提倡现实物体构成现实空间，对后来的建筑、工业设计、机械设计和包豪斯的设计理念产生了影响。构成主义认为，艺术应该为人民服务，艺术可以改变人民的生活；反对没有实用性的艺术形式。

2. 立体主义

在 20 世纪的抽象绘画中，立体主义绘画具有重要的地位。它在绘画观念、表现技法、主题选择上均有重大突破，这在整个艺术史上都是空前的。立体主义承接了后印象派大师塞尚的抽象视觉分析，并结合了反自然主义表现方式，这种方式在非洲部落的面具雕刻中是十分常见的。立体主义画家将物体拆解成造型元素，然后将这些造型元素重新组合，形成新的形象，不再重现自然。毕加索说："立体主义的艺术，是在处理形象。当形象处理得得宜，就有生命。"因此，形象的重组是立体主义绘画的重要环节。

立体主义绘画强调简化的形象，注重构图和纯粹的表现，突出形的表现，色彩作为辅助。因此，立体主义绘画的主要形象是通过基本的几何图形组合来表现，而不是通过颜色与光影关系表现。立体主义开创了多角度、多视点表现对象的先河；并将组合后的形象置于同一个二维的空间中，形成一个新的完整的形象。立体主义绘画中散乱的线条与破碎的面已经让绘画失去了传统写实绘画的透视感。立体主义的主要代表人物有毕加索、费尔南德·莱热、乔治·布拉克。

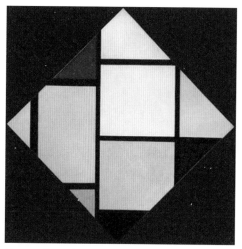

图1-2 黄、红与蓝的方形构成

图1-3 白底上的黑色方块

3. 新造型主义

新造型主义是纯粹地使用色彩与几何形式构成画面，是为了研究色彩与形象构成原理。画家蒙德里安是新造型主义绘画的发起者，1911—1914年，他在巴黎期间，受到了立体主义风格绘画的影响。他肯定了立体主义的贡献，但是他认为立体主义绘画不能完全摆脱自然主义；之后，他提出了能够表现纯粹的色彩与造型的绘画——新造型主义绘画。

蒙德里安将画面设计成水平、垂直关系，色彩用三原色与黑、白、灰三种颜色。蒙德里安希望以线条和色彩的关系为基础，创造出纯粹的几何抽象绘画。这是一种研究纯粹形式与色彩的艺术。如图1-2所示为蒙德里安《黄、红与蓝的方形构成》。新造型主义对现代建筑的发展起到了重要的作用。

4. 至上主义

至上主义也称为绝对主义，是俄国画家马列维奇在1913年首创的。马列维奇认为立体主义与未来主义仍然表现自然形象与视觉，没有完全断绝与具象世界的联系；为此，他提出至上主义，去除画面中重现现实的元素，以单纯的几何形构成纯粹的画面，宣扬纯粹几何抽象的绘画。马列维奇认为，至上主义摈弃了对自然物象的描述，并探索一种全新的象征符号，表达最直接的感受，至上主义并不是通过视觉与触觉，而是通过感觉。马列维奇在这里提到的象征符号指的是四方形、三角形、圆形等基本的几何图形，以及在它们基础上衍生出的非具象的图形。马列维奇《白底上的黑色方块》（图1-3）就是在画布上涂绘一个纯粹的黑色正方形，没有任何多余的、具象的物体，进而达到绝对的纯粹。他认为正方形是现代主义的象征，正方形是其他图形的基础，是一切艺术的根本。因此，至上主义的绘画均是由矩形发展而形成的几何图形的组合。至上主义的色彩不是我们视觉下光线中包含的颜色，也不是世界上任何可见物体的色彩，它是自然界本质的体现。

5. 未来主义

意大利诗人、文艺评论家马里内蒂 1909 年发表《未来主义的创立和宣言》，标志着未来主义的诞生。他提出一种现代主义美学，并向传统的艺术宣战。现代的工业技术与机械带来现代文明，他倡导这种机械美学，强调机械技术所带来的运动感与速度感，并试图表现急速行驶的汽车、奔跑者或是运转中的机器所拥有的速度美。他认为艺术家应以现代生活为主题。

未来主义画家使用立体主义分解物象的方法，把物体瞬间移动的画面重叠地组合在画面中，仿佛是使用相机的连续拍照重叠的组合。如图 1-4 所示为意大利未来主义画家贾科莫·巴拉创作的《被拴住的狗的动态》，在画面中描绘奔跑的狗，将狗腿作连续放射状的排列，以表现奔跑的狗的速度感。在色彩方面，未来主义通过修拉的光谱分光技法表现光的运动感。未来主义画家将时间的概念引入绘画中，使绘画具有"同时性"。立体主义绘画描绘一种静态的世界，而未来主义将运动、速度、时间引入绘画中，对之后的绘画乃至其他艺术有深远的影响。

图 1-4　被拴住的狗的动态

1.2 建筑空间

绘画尽管可以表现三维空间，但它仍然是二维的平面艺术。雕塑能够表现三维空间，但它与人是分离的，人是在雕塑之外的。建筑与绘画、雕塑等艺术形式不同，它是一个巨大的容器，能够将人包围在其中。空间是建筑的主角，建筑的空间受材料、技术、功能的影响，随着历史的发展而发展。它由不同的空间限定要素构成。建筑的空间构成能够直接触发人的心理感受。建筑体量或是建筑内部的隔墙都能形成一种边界的限定，这就形成了空间。建筑空间构成有两种类型，即内部空间构成与外部空间构成。建筑的内部空间构成由内部各种空间限定要素组合而成，建筑的外部空间构成由建筑的体量与它周围的环境组成。

1.2.1 建筑空间的构成要素及组合

建筑空间的构成离不开建筑结构的发展，随着结构技术的进步，空间的类型也越来越多。单一的空间由建筑空间要素构成，多空间通过不同的组合方式可以组合成一个建筑整体。

1. 建筑空间的构成要素

建筑是由多个空间组合而成，而每一个单一的空间是由空间的限定要素构成的。空间的限定要素的抽象概括包括体块、板面、杆件。从平面上看，这些限定要素就是点、线、面，与抽象绘画的基本构成要素相同。从建筑的角度来看，建筑的空间限定要素是由地面、顶面、墙面、窗洞、门洞等构成。

不同的空间限定要素所构成的空间具有不同的特点。有体块限定的空间通常是建筑的外部空间，也可以说是城市空间；从平面上看，它具有明确的图底关系，空间也具有明确的边界。体块的内部空间才是建筑的内部空间。板面可以用来限定室内的空间，它的空间限定没有体块明确；板面构成的空间可以形成空间的渗透、重叠、流动。杆件与板面比较，它的空间限定更加模糊；从平面上看，杆件就是一个点，它只能调节空间的密度，引导空间的方向，不能明确地限定空间，杆件是包含在空间之中的；因此建筑空间中的柱子连续排列具有很好的方向性。

空间是由体块、板面、杆件等空间构成要素组合的复合空间。人的视觉与触觉是感知材料的重要途径，材料包括色彩、质感、透明度等特性。不同的空间限定要素可以通过材料区分，材料的质感与色彩可以调节人对空间的心理感受。通过材料属性的表现，空间构成可以将人的情感引入，但这并不能改变空间本身。

2. 建筑空间组合

建筑是一个复杂的容器，它由多个不同形式的空间组成。人不能从空间的某一点去感受建筑空间，人只有在连续的运动中，从一个空间到另一个空间，感受空间的组合，进而感受建筑的整体。建筑空间的设计不是某一单独空间的设计，而是多空间组合的设计；多空间的组合是依据人的运动轨迹，组织排列多个空间。常用的空间组织手法有对比与变化、重复与再现、衔接与过渡、渗透与层次、引导与暗示、序列与节奏等。在人运动的轨迹上营造建筑空间，使空间具有了时间纬度，人能通过视觉在一段时间内感受空间构成的变化。综合运用空间组合手法，将独立的空间组织成一个有序的、变化的、统一的空间集合。不同的空间组织形式能够给人不同的心理感受。如对称的空间组合给人庄重、大气的心理感受；相反，非对称的空间组合给人轻松、自由的心理感受。

1.2.2　建筑空间的发展

从时间的层面看，建筑的空间形式是不断发展变化的。如古埃及的神秘空间，希腊的封闭空间，古罗马的静态空间，哥特的竖向连续空间，巴洛克的动态空间，现代建筑的流动空间、有机空间。从历史发展看，每一时期的建筑空间形式均受到社会因素、宗教因素、技术手段和当时审美倾向的影响。直到20世纪，以柯布西耶为代表的现代建筑成为世界建筑的主流，现代建筑空间形式也随之逐渐为人们所接受。

1. 建筑空间的历史演变

古希腊注重建筑的外部形象，而忽略了建筑的室内空间。如古希腊的帕提农神庙，从外部看，它犹如一件优美的雕塑品，给人以震撼的视觉感受，相反，其内部空间相比之下，略显简单（图 1-5）。到古罗马时期，拱券结构的发明丰富了建筑的内部空间，室内出现廊柱，并具有更强的装饰性。古罗马的建筑空间形式无论是圆形的还是方形的，都是对称、独立、封闭的；因此，古罗马的空间是静态的集中式。在尺度方面，古罗马建筑空间尺度突破了人的尺度，比古希腊建筑空间尺度大很多（图 1-6）。

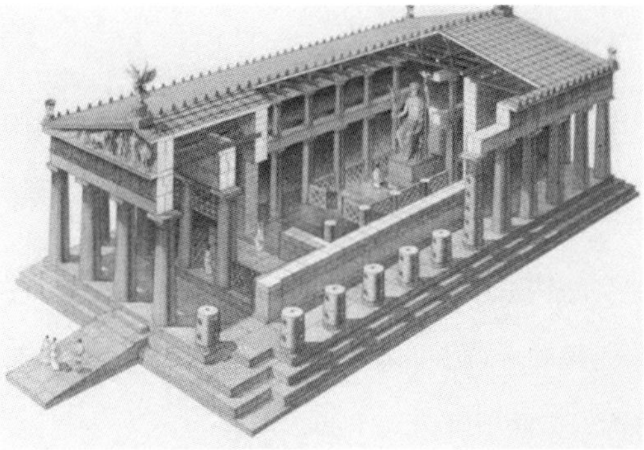

图 1-5　古希腊帕提农神庙

图 1-6　古罗马万神庙

基督教时期的建筑空间是具有明确的方向性的，建筑空间提倡人的活动性。它的整个空间组织是按照人的活动路线设计的。这种建筑空间与古罗马的静态空间不同，表现出一种有韵律、有节奏的运动感。在拜占庭时期，随着帆拱的发明，建筑空间变得开敞，呈现出一种向外部扩展的趋势；空间垂直方向的联系被削弱，水平空间的联系被加强（图 1-7）。到罗马风时期与哥特时期，建筑空间

图 1-7　拜占庭时期的帆拱空间

强调连续与对比（图1-8）；文艺复兴时期强调空间的规律性与体积感；巴洛克风格建筑强调空间的动态与渗透性（图1-9）。建筑空间随历史的发展而变化。

2. 现代主义建筑空间

新技术、新材料的出现，使现代建筑空间更加自由、灵活。纤细的钢筋混凝土柱子代替厚重、封闭的承重墙，建筑的内部隔墙自由分割空间。

现代主义建筑分为功能主义与有机建筑。虽然它们的设计主旨不同，但都提出了开放平面这一主题。功能主义起源于美国的芝加哥学派，并被柯布西耶、密斯、格罗皮乌斯等现代主义大师完善。有机建筑的代表人物是美国的现代主义大师赖特。现代主义建筑不仅注重空间功能性和人的使用性，也注重建筑空间的构成形式，它摒弃了古典主义的装饰，试图创造一种符合现代主义新美学的空间构成秩序。

图1-8 哥特式建筑的连续空间

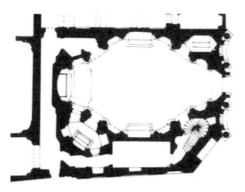

图1-9 巴洛克风格建筑的动态空间

图 1-10　巴塞罗那国际博览会德国馆的构造

密斯在 1929 年巴塞罗那国际博览会设计建造的德国馆（图 1-10）创造了一种流动空间，建筑空间被拆散，然后通过流动的观赏路线联系成整体。建筑内部的构件是纯粹的、无装饰的几何构件。赖特追求空间的连续性，他的建筑空间围绕人的生活展开；整个空间是一个从中心向各个方向发展延伸出去的空间集合；以赖特为代表的有机建筑考虑的是人的心理感受，并提出空间的人性化设计。柯布西耶通过建筑空间标准化来实现"为普通人建造住宅"的口号。这些大师共同推动了现代建筑空间的发展。

第 2 章
现代建筑的空间观与抽象绘画的联系

2.1　抽象绘画的空间观

东西方的艺术文化差异，在传统绘画上主要体现在，西方惯用一点透视的理论，客观地重现自然，通过透视、比例、色彩、光线、阴影等表现方法，准确地在二维平面上再现三维空间。东方传统绘画，特别是中国画，并没有严格的透视理论，而是被称作传统意义上的散点透视，在"道"的理论指导下，通过用笔的干湿浓淡、墨分五彩（亦称墨分五色）、勾勒渲染、凹凸变化、画面的虚实处理等表现手法，也在二维的平面上描绘出了一个三维的空间，同样真实地反映着客观世界，可概括为客观的写实与描绘。

而19世纪末西方艺术上的革新则颠覆了各界对传统一点透视的理解，东方传统的多点透视时空观的影响慢慢浮出水面，并逐渐被西方世界所接受，在工业革命机械主义技术运动的影响下，西方画家通过立体、变形、重组、叠加等手法形成异化非写实的抽象而立体的平面空间。现代西方绘画所尊崇的客观的抽象与立体，表现出"深、远、透、空"立体的空间内容，具有强烈的现代建筑形象的意蕴。

2.1.1　一点透视与多点透视

西方绘画最大的成就和最科学的方法就是透视。透视是绘画活动中的观察方法，是研究画面空间问题的一种手段。由于思维方法、表达方式等方面的区别，东西方绘画对透视具有不同的理解，对空间的处理和体现始终有着各自独到的手法。

东方绘画善于表现丰富的情节，时空观念在一个画面中极其复杂，如《清明上河图》，而西方绘画则更注重单视点的表现（类似于摄影）。中国画所讲求的丰富透视情节用单视点是不能完成的，因此，中国画用多视点来表现。在构图方法上，不完全遵循一点透视的束缚，多采用散点透视法，即可以移动的远近法，步移景异，使得视野宽广辽阔，构图灵活自由，画中的物象可以随意列置，冲破了时间与空间的局限（图2-1），具有抽象的意境。

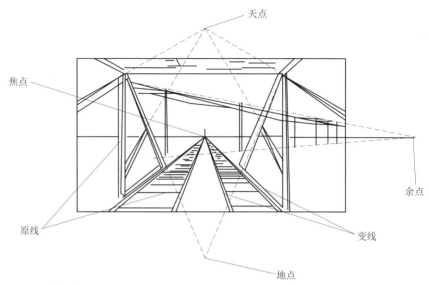

图 2-1 多点透视

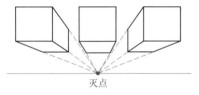

图 2-2 一点透视

相比之下，西方绘画的审美趣味在于真和美，西方绘画追求对象的真实和环境的真实。运用一点透视学的西方画家心目中的绘画，就是隔着一块大玻璃屏观看客观世界的景物，保持固定不动的视点，把景物投射在玻璃上的影像描绘在画面上。焦点透视法是西方写实绘画的核心，而"玻璃屏观念"规定了写实画家应该取一个固定的视点来移置景物（图 2-2），这些透视学的科学理念造就了西方传统绘画的真实美、空间美，西方传统绘画所强调的是时间点的概念和空间的真实，具有强烈的写实风格。

2.1.2 空间的变化

"空间是物质的广延性和伸张性，一切物质系统中各个要素的共存和相互作用的标志。时间是物质运动的延续性、间断性和顺序性，其特点是一维性，即不可逆性。

空间、时间与运动着的物质不分离，空间和时间也不可分离。"

这些概念有助于我们以时空的整体性去理解画面，与已有观念不同的是，以前只是单纯把绘画理解成一种空间艺术，现在可以进一步将绘画理解为：不同的时空图像与不同的文化观念的内在关联。

而在空间的认识方面，西方绘画更多表现的是逻辑空间，即理性、真实的空间；中国绘画较多表现的是归纳的空间，即感性、主观的空间。

2.1.3　时间概念的渗入

由于文化背景的不同，中西方艺术形式及审美理念也有所不同。在视觉概念的渗入上，中国传统绘画倾向于时间性的时空模式，赋予绘画创作以极大的时空转换的余地和自由，表现为超越世俗、寻求寄托的精神风韵，这是中国传统绘画的优势和独到之处，也是今天我们需要领悟和传承的财富。但从视觉上看，中国绘画则显得单一甚至单薄。

如果说中国绘画尚意，那么西方绘画则尚形。中国绘画重表现，重情感；西方绘画重再现，重理性，侧重于对空间的关注。中国绘画不受空间和时间的局限，西方绘画则严格遵守空间和时间的界限，使艺术创作在微观和宏观两个方面都得以在精微性和深度性上拓展。

西方绘画重再现与写实，同中国绘画的重表现与写意，形成鲜明对比。中、西方在时空观念上的这种差异，以及传统绘画对现代时空艺术的影响，特别是建筑师从空间角度理解，对我们今天的建筑空间创作依然具有深刻的启示意义。

2.1.4　抽象绘画的空间理解（色彩、空间）

西方绘画大师凡高是一个生活在创新的伤口中，工作在灵魂艺术上的孤独大侠。如果给凡高的一生行为排列关键词，则可列为：画家、西方后期印象派绘画代表人物、表现主义开创者。本书认为，凡高奠定了西方抽象空间表达的基础，是现代抽象绘画的始祖，极其擅长情感的表达和时空观的塑造。

凡高受到过印象派画家、点彩派画家修拉及曾共同作画的高更的影响。他喜欢用纯色的点、线作画，通过高纯度色彩的并置、短促笔触的有序密集排列，达到既粗犷放任又富于动感的效果。在创作过程中，凡高的色彩灵感被大大激发，他不断地用色彩对阳光、阳光下的一切进行大胆、任性的表现。他非常擅长运用黄色和蓝色，尤其是在他所作的《向日葵》中，色彩的明度和纯度都很高，弱化光影，线条有力、简括，具有很强的视觉冲击力，纯洁的色彩理念将体块的几何感凸显出来，色彩构成的方法使凡高的画面具有丰富的抽象意蕴（图2-3）。

图2-3　向日葵

尽管受到印象主义画家的影响，但凡高用自己崭新的手法更抽象地表现强烈的情感，特别是对客观事物的形态几何化抽象。在《星月夜》这幅名作中，天空中是奔涌着的、巨大的波浪形的云团，星星和月亮旋转着发出旋涡般漾开的黄色光辉(图2-4)。凡高用个性化的笔触，通过抽象体块，色彩提纯等手法有力地传达出神秘、不安和极为惊惧的意味。在他画的《麦田》等风景画中，也常有翻卷旋动的笔触，色块的抽象构成增强了画面的运动感和情绪渲染力（图2-5）。此外，凡高还提出了"色彩联想"的问题。在画自己的卧室时，他以极简单的色调赋予物品以华丽的风格，色彩起了很大作用，使人想到休息或睡眠。

凡高的笔触强劲、狂热，看似朴素稚拙却发自内心深处，是心灵之音的外化。色块的几何化构成几乎无人能传神地仿效，其画作所表达的情感和时空观，展现了西方早期抽象主义绘画的内涵。他喜欢

图2-4　星月夜

图2-5　《麦田》系列

对比色效果，其有力、迅疾的笔触塑造着一个另类、丰富而抽象的立体空间，完全可以将其绘画理念等同于今天建筑师的空间追求。

2.2　抽象绘画对建筑空间设计的启示

2.2.1　画面图形与空间

由画面图形所体现的空间感一般是利用透视原理，根据视觉对象的明暗、色彩的深浅和冷暖差别，表现出物体之间的远近层次关系，使人在平面的范围内获得立体的、具有深度的空间感觉。

在抽象绘画中，因其在表现形式上具有的自由感，这种不确定的几何形与色块往往被认为是纯粹感性的结果，属于情绪宣泄的产物。实际上，抽象艺术中的几何形与色块是有章可循的，只是相对于具象绘画艺术而言，其艺术内涵与表现方式有了很大的不同，传统绘画讲究客观的写实，对客观对象表现出真实的映射关系，而现代抽象绘画则主张客观的抽象与写意的立体。针对的对象还是客观现实，但表现方法却更加理性与科学，科学地将艺术的元素从客观实体对象中分离出来，这些元素是构成艺术作品最基本的要素，即点、线、面和色彩。康定斯基和蒙德里安通过对这些元素在作品中的运用，探索其科学而独特的表现价值与表现力，从而有力地证明抽象艺术的科学理性价值。

众所周知，点、线、面是构成绘画的最基本的要素，抽象艺术在摒弃具体物象、探索自身语言的实践中，通过点、线、面这些具体的元素，探究抽象绘画的深刻的科学意义。而艺术家们对空间的不同理解导致艺术风格的不断变化，其所创造的空间表现方法，为绘画及设计空间的拓宽、艺术表现力和审美价值的提高做出了巨大的贡献。因此，分析艺术家对空间处理的多样性，对当今我们进行图形空间的认识意义深远，特别是建筑师对抽象绘画的空间理解，抽象绘画中的实体空间表达，将艺术家画面中的抽象空间与以人为尺度标准的建筑空间联系起来，意义重大。

2.2.2 抽象绘画与空间体验的分析

建筑师作为空间主要的创作者，应该深入分析理解现代西方抽象绘画中的空间表达，用建筑空间元素分析的方法，探讨平面空间与建筑空间的共通性，向抽象画家学习，丰富建筑师的空间语言，感受画家高超的空间形态美，通过建筑空间的营造与创新，使建筑空间艺术更美好。

在抽象图形的创造中，毋庸置疑，点、线、面依旧是空间元素传达的基本要素。它们是空间图形创造的最基本的语汇。通过协调它们的大小、虚实、空间等关系，在二维的平面中创造具有时空感的图形，并能通过对二维平面构成的提炼与总结得出由此衍生的三维立体空间形态。

同样，对于抽象绘画来说，空间的组织形式要丰富得多，不仅可以借用原本从绘画中发展而来的透视法则，还可以利用形态的立体、扭曲、变形、重叠、组合等产生空间。空间类型主要包括由矛盾图形构成的空间，由同构、共生、正负形等构成的空间，利用点、线、面的构成法则表现的空间，利用投影表现的空间等。

抽象图形因为脱离了对某个参照物的具象的描述，更能代表图形空间所表现出的普遍情感，而其适应范围与视觉语义上的包容力也更加广泛。我们能把这些抽象形态通过一定的空间造型法则，构建出具有不同时空观的立体空间，就能顺理成章地产生形态各异的空间体验。

而抽象图形的组织结构其实就可归根于立体空间的初步构建方式，即在二维平面中通过一定的方式和表达手段构出视觉上的幻象空间，在这个幻象空间中，图形通过透视、投影、重叠、穿插、变形等手法，不仅能表现出视觉上的虚幻空间，还能在这个图形中建立一整套空间文化逻辑，即所谓的视觉空间的精神构架。

此外，可以明确的是，图形创意的过程是一种运用视觉形象而进行的创造性思维的过程。例如亨利·马蒂斯的著名人物肖像画《戴帽子的妇人》。在进行抽象画与空间体验的分析过程中，首先，我们可以通过对原作的临摹，体会马蒂斯

对人物形体表现的技法及明暗色彩的把握。经
分析可观察到，该作中颜料"不分青红皂白地"
铺在画面上，不仅仅是背景和帽子，还有这位
妇人的脸部等，都是用大胆的绿色和红色的笔
触把轮廓勾勒出来的。而通过图 2-6 至图 2-9
的空间分析，我们可以尝试体会设计中从平面
到空间的微妙联系，以及精彩的视错觉关系与
色彩体块美学的利用。

因此，通过对原作进行整体抽象化处理，
只提取其局部所采用的大胆的色彩，用色块重
组的形式及其强烈的色彩对比来表现立体空
间，并借助纸面模型辅助的方式，从而体会抽
象绘画中的空间与实体空间的异同，为之后建
筑细部空间的设计打下良好的空间形体感知基
础。很多时候我们完全局限于平面的狭小空间
里，我们的思维被紧紧地束缚住了。如何突破
这种束缚，追求视觉上的特殊的空间体验与刺
激，是我们应该去探索和学习的问题。而图形
能通过联系外在的组织结构与内在的结构、联
系、过渡等，创造最不可思议的形态色彩幻象
空间和心理感受空间。这个空间不是静态地单
纯地对事物进行描摹与体现，它或是联系个人
色彩与体块情感，或是联系普遍的色彩与体块
情感，因而，它所表现出的东西也必定是在人
的视觉上具有磁力从而吸引观赏者理解其思想
情感和价值观。

图 2-6 亨利·马蒂斯《戴帽子的妇人》原肖像画

图 2-7 提取肖像画中色块，并对其进行抽象

图 2-8　进一步改变新构图的色相与纯度

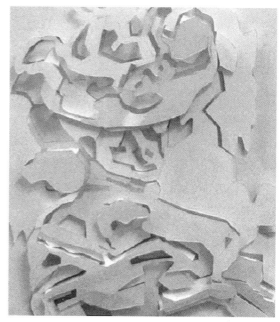

图 2-9　由抽象后的几何构图衍生出纸质模型

2.3 抽象绘画中的空间与现代建筑空间的异曲同工

从古典主义的三维空间到立体主义以二维空间的形式引导人们对"第四空间"沉思，到抽象主义的平面空间，再至超现实主义的魔幻空间，各风格流派、各风格样式无不在探索着绘画的空间美学。空间看似是一个很抽象的概念，却表现出实实在在的存在，空间的表达形式也是五彩缤纷、形态各异。

当冰冷而苍白的单颜色与乏味重复的图形不再满足人们丰富的视觉需求时，抽象派画家们掀起了一场全新的、另类的且为空间盛装打扮的抽象派画面的革命。通过图形和现代几何抽象等艺术元素，任何平面空间都有可能被打造得独一无二。在抽象绘画中，可塑性是通过一系列几何块体的动感表现出来的，这些动感不仅存在于块体本身，还来自块体色彩及其组合的空间形式。

现代平面抽象绘画是依靠点、线、面的错落和移位，减弱画面的写实感，形成平面性的空间，当这种平面性空间具有审美价值时，就成了一种最纯粹的"平面绘画空间"。它因点、线、面的不同构成方式，产生了与传统绘画的真实空间相反的幻象空间。

回顾历代抽象绘画大师，毕加索是较早开始以多视点来处理画面空间的大师，在其著名作品《亚威农少女》及其他许多作品中，他仔细地安排了各种姿态的女人和画面下方的水果，用衣服的布带串联整个画面，歪曲和并置人物的透视，这样就运用了多视点、多角度的观察和构图，从不同的方向拼合画面，反映出时空的错置感。画家将不同视点、不同位置所看见的各个对象，按构图需要组织于同一画面中，产生视觉上的移动。这些不同角度、不同时空的面在平铺排列中产生视觉的张力，在重重摞叠中，创造了视觉连续，表现了"时空绘画空间"，体现了现代抽象绘画对于空间的理解与重组，开创了人类客观的抽象与立体的新体验，表现了对客观事物的空间解释，展示了人类空间思维由视觉到思想感情的转变。

　　而以人为本的建筑空间的类型可分为内部空间、外部空间及其过渡空间即灰空间。建筑通过它的墙体的围合组成不同的空间，不同的空间呈现出不同的空间感受和空间态势。建筑空间的最终表达，是基于以人为尺度的实体空间的，是通过建筑学意义上产生的人体空间几何学，是在人类科学进步的过程中，在认识自然、改造自然的过程中产生的。所以说几何学与抽象美学反过来可以解决建筑空间的问题。几何学貌似很复杂，可若用欧几里得这样一个简单的几何学来解决建筑空间问题的话，可能是一个很好的尝试。而学会用一个非常简单的东西来解决一个无比复杂的问题，这是人类最后从具象走到抽象的结果，当代建筑的空间创造与新奇的空间体验也无非如此，逃不出人类认知客观世界的科学的思辨与理性的表达。

第3章
现代建筑创始者柯布西耶的抽象绘画创作与建筑实践

　　勒·柯布西耶是西方现代艺术运动中的代表人物，他的作品涉及绘画、建筑、雕塑等方面。他的绘画从写实主义开始，在 1917 年转变为抽象绘画。在抽象绘画的创作中，他受到不同抽象绘画流派的影响，如立体主义、超现实主义、表现主义等。柯布西耶每个时期都受到不同人物的影响，有趣的是这些人都是画家，从自然主义画家夏尔·艾普拉特尼尔到纯粹主义画家奥占芳，到立体主义画家莱热，一直到伟大的画家毕加索。在建筑设计中，柯布西耶早期提倡简洁、机械般的造型；在过渡时期，他开始向粗野主义风格转变；最后，他彻底转变为粗野、浪漫、非理性的风格。在这个过程中，他的建筑空间风格也发生着变化。截取他设计生涯中的某一时期，我们不难发现他的抽象绘画与建筑空间构成存在着联系；从风格的转折点看，抽象绘画的时间早于建筑，因此也可以说他的抽象绘画指导着建筑的空间设计。

3.1　柯布西耶的绘画经历

　　柯布西耶不仅是建筑大师，也是伟大的画家。他一生中创作了很多绘画作品，这些作品从时间上可以划分为四部分：启蒙游学时期的水彩写生绘画；与奥占芳合作开始纯粹主义绘画；受到立体主义画家莱热的影响；"二战"后，受到画家毕加索的影响。柯布西耶在不同时期受到不同风格绘画及画家的影响，并逐步形成了自己的绘画风格。每一个时期，柯布西耶的抽象绘画的主题与表现方式均不相同；绘画思想、建筑设计思想甚至艺术创作思想也发生着改变。

　　柯布西耶 1887 年出生在瑞士的小城拉绍德封，这是一个湖边的小城，这个小城以钟表制造业闻名于世。柯布西耶的父亲是制表的手艺人，母亲是一名钢琴教师，因此，柯布西耶从小受到了艺术的影响。柯布西耶从小就对绘画极其热爱。1904 年，17 岁的柯布西耶遇到了他人生的第一位伯乐——夏尔·艾普拉特尼尔。夏尔·艾普拉特尼尔是新艺术运动中自然主义的画家，并且刚从巴黎美术学校毕业，就是他改变了少年柯布西耶的命运。夏尔·艾普拉特尼尔发现了柯布西耶在绘画、建筑方面的天赋，所以也大力培养他。于是，柯布西耶开始了自己的绘画与建筑生涯。

3.1.1 写实主义绘画（1907—1917 年）

受到夏尔·艾普拉特尼尔老师的鼓励，柯布西耶 1907—1911 年带着速写本和相机到处旅行。在此期间，柯布西耶写了他的第一本书《东方游记》，这本书包含了柯布西耶关于建筑与风景的写生。从这些绘画中可以看出，当时柯布西耶有很好的绘画基础。

柯布西耶的这一段经历可以从 1907 年的第一趟意大利之旅开始，一直到 1917 年在法国巴黎定居为止。柯布西耶于 1907 年初开始了最初的意大利之旅，在旅行中，他写了许多信并画了大量的写生素描。在整个旅行中，柯布西耶对意大利的古典主义建筑印象极为深刻。回到故乡之后的柯布西耶，开始从一位装饰美术家转变为具有古典主义倾向的建筑设计师。在这段时间里，柯布西耶画了许多建筑素描和风景写生。

1911 年，柯布西耶开始了他所谓的东方旅行，这次旅行最远到达了东欧的土耳其伊斯坦布尔，并不是真正意义上的东方。他游览了欧洲的各大城镇，包括德国、法国、意大利等，并创作了一些写实绘画，如《伊斯坦布尔：苏雷曼尼清真寺》（素描）（图 3-1）、《太纳湖附近的风景》（图 3-2）、《清真寺内部镶嵌

图 3-1 《伊斯坦布尔：苏雷曼尼清真寺》（素描）

画与灯与屋顶》（习作）（图3-3）。此时，柯
布西耶对古典主义建筑非常感兴趣，他创作了
两幅描绘意大利庞贝古城柱廊的绘画（图3-4、

图3-2 太纳湖附近的风景

图3-3 《清真寺内部镶嵌画与灯与屋顶》（习作）

图3-4 意大利庞贝古城柱廊1

图 3-5）。受夏尔·艾普拉特尼尔
的影响，柯布西耶还对一些具有
装饰性的图案感兴趣，并且创作
了一些相关的绘画作品（图 3-6、
图 3-7）。在这些绘画中，大多都
是对一些自然元素如花、草、叶
等植物元素的表现。

图 3-5　意大利庞贝古城柱廊 2

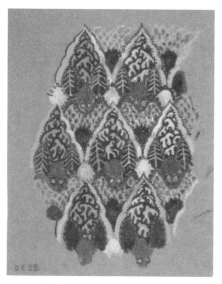

图 3-6　柯布西耶装饰性图案 1（1912 年）

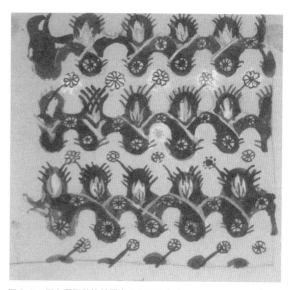

图 3-7　柯布西耶装饰性图案 2（1911 年）

3.1.2 纯粹主义抽象绘画（1918—1925 年）

3.1.2.1 奥占芳的抽象绘画

提到柯布西耶的纯粹主义，我们需要先了解一个人，就是法国画家阿梅德·奥占芳，他对柯布西耶的纯粹主义绘画有着重要的影响。阿梅德·奥占芳在西班牙完成学业后回到法国，然后在巴黎居住，曾与柯布西耶是邻居，两人一同举办画展。1917 年，奥占芳就在期刊《冲》上描述了纯粹主义。他提倡按一定规则组织在一起的几何纯化构图。奥占芳从真实的纯粹性出发，消除物体可变的可能性，保留绘画中那些永恒不变的元素。他强调一种有序、理性的组织规则，强调数学、几何学的规律。

1919—1925 年，奥占芳和柯布西耶共同创办表达现代艺术思想的杂志——《新精神》。1925 年，他与柯布西耶的感情决裂，然后全身心地投入壁画的创作中。奥占芳创作了许多绘画作品，这些绘画作品与柯布西耶的绘画作品在创作手法与选题上非常相似。如《纯粹构成》（图 3-8）、《瓶子》（图 3-9）、《吉他与瓶子》（图 3-10）、《纯粹静物》（图 3-11）、《花瓶》（图 3-12）等。

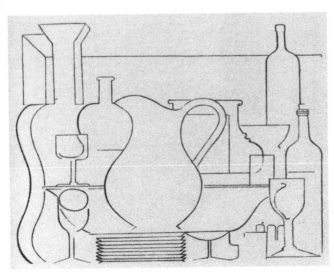

图 3-8 纯粹构成

图 3-9 瓶子

图 3-10 吉他与瓶子

图 3-11 纯粹静物

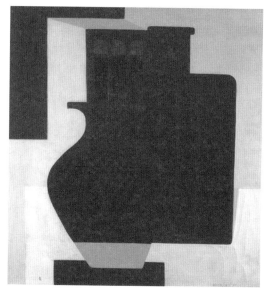

图 3-12 花瓶

3.1.2.2　柯布西耶的抽象绘画

　　1917 年，柯布西耶到法国巴黎落脚，开始自己的工作与生活。这一年他结识了自己人生中的重要人物——奥占芳。1918 年，柯布西耶与奥占芳发表了纯粹主义宣言《立体主义之后》，宣扬绘画应该依据严格的规则方法，提倡纯粹化的几何构图。同年，柯布西耶创作了纯粹主义绘画《暖炉》（图 3-13），绘画中的白色立方体与柯布西耶"白色时期"的建筑造型相同，这个白色立方体似乎也暗示了现代主义建筑的发展方向。1919 年，他与奥占芳等现代主义艺术家共同创办《新精神》杂志。这本以"当代美术、文学、科学国际期刊"为副标题的杂志总共出版了 27 期。《新精神》不仅传播现代主义的艺术理论，还刊登了许多现代建筑和城市规划理论的文章。从那时起，柯布西耶不再使用"让内雷"这个名字，开始使用"勒·柯布西耶"这一笔名。在《新精神》杂志中，柯布西耶提倡建筑的革新，走平民化、工业化、功能化的道路，提倡新的建筑形式美学。

　　在纯粹主义时期，柯布西耶有很多绘画作品，其中比较有代表性的有 1920 年创作的《静物》《垂直的吉他》《吉他与灯的组合》（图 3-14 至图 3-16）；1922 年创作的《静物》《橙色酒瓶》《独立》（图 3-17 至图 3-19）。这些绘画的对象是吉他、盘子、书、灯、烟斗、瓶子及其他一些工业产品。柯布西耶把这些具有工业特征的产品，按照一定规则组合并呈现在绘画中。1923 年与 1924 年，柯布西耶创作了《新

图 3-13　暖炉

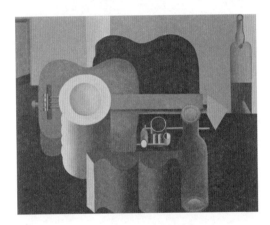

图 3-14　《静物》（1920 年）

图 3-15　《垂直的吉他》（1920 年）

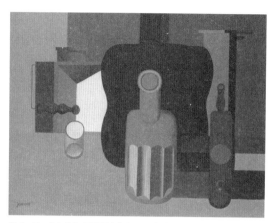

图 3-16 《吉他与灯的组合》（1920 年）

图 3-17 《静物》（1922 年）

图 3-18 《橙色酒瓶》（1922 年）

图 3-19 《独立》（1922 年）

精神展馆的多样静物》（1923 年）与《新精神展馆与静物》（1924 年）（图 3-20、图 3-21），这两幅绘画中的工业产品数量大大超过了之前的绘画，而且他开始通过色彩变化表现玻璃瓶的透明性。从这两幅绘画中，我们也可以发现，柯布西耶开始使用拆分、拼贴、重组的表现手法；在色彩方面，他开始使用更为丰富的色彩。

3.1.3 过渡时期的抽象绘画（1926—1945 年）

3.1.3.1 莱热的抽象绘画

1925 年，柯布西耶与奥占芳决裂，二人合办的《新精神》杂志也停刊。此时，柯布西耶认识了立体主义画家莱热并与其成为好朋友。莱热是法国画家、雕塑家、电影导演，早年就读于巴黎装饰艺术学校。莱热的抽象绘画一般依据视觉经验。虽然他的绘画有时非常抽象，让人很难认出绘画中原有的母题，但是，他始终和原有的视觉经验与真实的世界保持着联系。莱热喜欢研究机械的形式，他的绘画主题始终关注人民的生活与现代文明的机械。莱热试图寻找一种粗犷、大气的抽象绘画表现手法。在色彩的使用上，他使用纯色，摒弃对原有物体的写实表现，色彩只是起到装饰作用。莱热有很多绘画作品，如《三个女子》（1921 年）（图 3-22），其中一幅创作于 1925 年的《栏杆》（图 3-23）被柯布西耶挂到新精神展馆。在这一时期，柯布西耶的绘画在主题选择与表现技法上与莱热的绘画极为相似。

图 3-20 《新精神展馆的多样静物》（1923 年）

图 3-21 《新精神展馆与静物》（1924 年）

图 3-22 《三个女子》（1921 年）

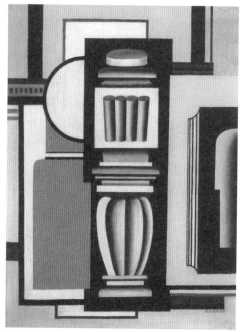

图 3-23 《栏杆》（1925 年）

3.1.3.2 柯布西耶的抽象绘画

1925 年以后，柯布西耶的绘画风格开始转变，绘画的母体虽然是瓶子、书，但是构图已经不再是具有严格规则的纯化几何构图，绘画中的物体表现为扭曲、变形的形态。如 1926 年，他创作的《瓶与书》（图 3-24），将瓶子与其他物体的组合垂直于画面，通过拆分、重组、变形的手法，让人很难辨认除了瓶子与书以外的物体。在这一时期，柯布西耶开始尝试在绘画中表现一些自然的有机物体——树根、骨头、缆绳、贝壳、石头，如《骨骼的研究》（1932 年）（图 3-25）。在表现手法上，柯布西耶打破规则的几何构图，

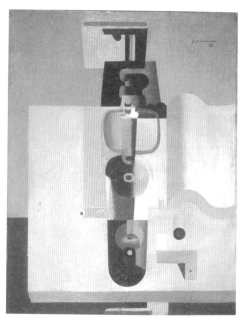

图 3-24 《瓶与书》（1926 年）

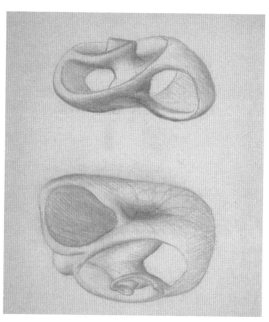

图 3-25 《骨骼的研究》（1932 年）

试图用粗犷的线条表现自然的有机物，展现自然形式的美。他开始使用纯色及色彩之间的褪晕关系表现物体的体量，并表达自己的情绪。这些物体在大自然中形成，归属于自然，也被柯布西耶称为"唤起诗意的物体"。

在这一时期，柯布西耶有很多绘画作品。以下是按时间的先后顺序排列的柯布西耶的抽象绘画作品：1927 年创作的《吉他与模特》（图 3-26）；1928 年创作的《小圆桌旁的女人与马蹄铁》（图 3-27）、《虹吸管静物》（图 3-28）、《灯塔旁的午餐》（图 3-29）、《抱着猫的女士与茶壶》（图 3-30）；1929 年创作的《月亮的组合》（图 3-31）、《耶稣勒皮斯修道会》（图 3-32）、《女人、绳索与船门》（图 3-33）；1930 年创作的《根

图 3-26 《吉他与模特》（1927 年）

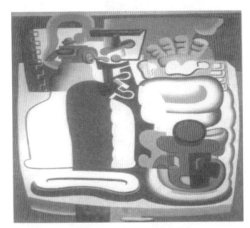

图 3-28 《虹吸管静物》（1928 年）

图 3-27 《小圆桌旁的女人与马蹄铁》（1928 年）

图 3-29 《灯塔旁的午餐》（1928 年）

图 3-30 《抱着猫的女士与茶壶》(1928 年)

图 3-31 《月亮的组合》(1929 年)

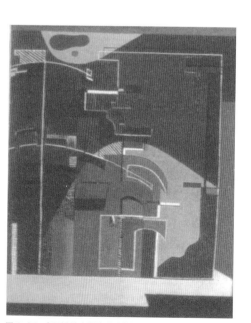

图 3-32 《耶稣勒皮斯修道会》(1929 年)

图 3-33 《女人、绳索与船门》(1929 年)

之静物与黄色缆绳》(图 3-34)、《灯笼与小四季豆》(图 3-35)；
1931—1935 年创作的《平底渔船》(1931 年)(图 3-36)、《女
舞者与小猫》(图 3-37)、《采牡蛎的女渔夫》(图 3-38)。

图 3-34　《根之静物与黄色缆绳》(1930 年)

图 3-35　《灯笼与小四季豆》(1930 年)

图 3-36 《平底渔船》（1931 年）

图 3-37 《女舞者与小猫》（1932 年）

图 3-38 《采牡蛎的女渔夫》（1935 年）

1935 年后，柯布西耶逐渐在抽象绘画中加入了人体的符号，他将人体的器官放大并夸张地表现在画面中。在绘画中，柯布西耶通过自由的曲线与粗犷的笔触表现人体、动物等形象。画面的构图更加自由，不受约束，表达一种神秘与梦幻。绘画的风格开始变得更加非理性。女性的身体曲线成为柯布西耶绘画的新主题，他将女性的肢体、动作抽象成自由弯曲的线条，并将不同的身体轮廓相互变形、叠加，形成一种梦幻、多变的抽象画面。这也许与战争有关，如《两个音乐家》（1936—1937 年）（图 3-39）、《三个女音乐家》（1936 年）（图 3-40）、《两个异想天开的女人》（1937 年）（图 3-41）。

在"二战"期间，柯布西耶先后在法国乡村维泽莱和奥桑避难。在这段时间内，柯布西耶没有建筑的设计委托，他把自己的精力全部投入绘画与雕塑的创作中。于是，他的绘画形式变得错综复杂，色彩变得更加浓重；画面中的物体被多次拆分、切割，然后重组，所有物体都扭曲变形。他通过抽象绘画表现战争

图 3-39 《两个音乐家》（1936—1937 年）

图 3-40 《三个女音乐家》（1936 年）

图 3-41 《两个异想天开的女人》（1937 年）

期间恐惧的情绪，如 1938 年《威胁》
（图 3-42）、1940 年《恐怖的出现》
（图 3-43），此外还有一些关于雕塑研
究的绘画，如《Ubu Ⅳ》（1940—1944 年）
（图 3-44）。

3.1.4　战后的抽象绘画（1945 年以后）

　　1945 年以后，柯布西耶的绘画大
多用线条表现人体与动物，与毕加索
的绘画极为相似。他的绘画母体与绘
画风格受到毕加索的影响。因此，要
想研究柯布西耶的抽象绘画，需要先
研究毕加索的抽象绘画。

图 3-42 《威胁》（1938 年）

图 3-43 《恐怖的出现》（1940 年）

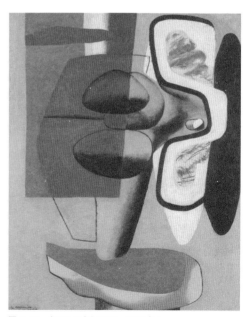

图 3-44 《Ubu Ⅳ》（1940—1944 年）

3.1.4.1　毕加索的抽象绘画

　　现代抽象绘画大师毕加索的绘画经历了许多时期，如蓝色时期、玫瑰时期、立体主义时期、古典时期、超现实主义时期、蜕变时期及田园时期。其中，对柯布西耶影响比较大的是立体主义时期与超现实主义时期。

　　毕加索在 1907 年创作了《亚威农少女》(图 3-45)，其草图如图 3-46 所示。《亚威农少女》在二维的平面上表现出了三维的空间。在画面中，女孩正面的脸中出现了侧面的鼻子；女孩侧面的脸中出现了正面的眼镜。这就是绘

图 3-45　亚威农少女

图 3-46　《亚威农少女》(草图)

画的"同时性"。通过视点的移动，将不同角度的画面组合呈现在一个画面中。《亚威农少女》由许多三角形色块组成，由于在其中添加了阴影，给人凹凸不平的三维感。

1912 年，毕加索开始以拼贴的手法进行创作。同年，他创作的《吉他、乐谱和酒杯》（图 3-47）、《小提琴和乐谱》（图 3-48）清楚地显示了这种风格。毕加索将绘画主题剪切成碎片，然后根据新的秩序组织这些元素，最终表现一种新的构成。

毕加索在抽象绘画中表现隐喻

图 3-47 吉他、乐谱和酒杯

图 3-48 《小提琴和乐谱》（1912 年）

性与象征性，其在 1937 年创作的《格尔尼卡》（图 3-49），其草图如图 3-50 所示。《格尔尼卡》画面中有公牛的形象，也有受伤挣扎的马，有向象征自由的火炬前行的妇女，有倒地的士兵，有惊慌失措高举双手仰天呼叫的男人，这些都是对残酷的现实战争场面的描绘。之后，柯布西耶在绘画中也采用隐喻与象征的手法，并同样以人与动物作为抽象绘画的母题。

3.1.4.2　柯布西耶的抽象绘画

柯布西耶的绘画表达一种粗放、自由、非理性的情绪。他的绘画由粗犷的线条和鲜亮的色彩构成。他利用线条勾勒出人体或动物的形态，然后用颜色突出形态的体量；同时，他也使用拼贴的手法创作抽象绘画。从绘画主题与表现手法上看，柯布西耶的抽象绘画与毕加索的抽象绘画极为相似。在这一时期，他的抽象绘画作品主要包括

图 3-49　格尔尼卡

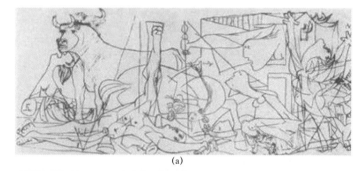

(a)

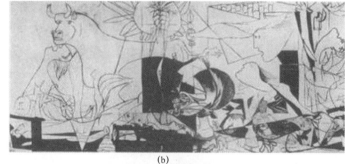

(b)

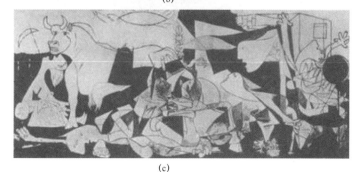

(c)

图 3-50　《格尔尼卡》草图

《白色背景上的三个女人》（1950 年）（图 3-51）、《手》（1951 年）（图 3-52）、《公牛》系列作品（图 3-53 至图 3-55）。

图 3-51 《白色背景上的三个女人》（1950 年）

图 3-52 《手》（1951 年）

图 3-53 《公牛 II》（1928—1953 年）

图 3-54 《公牛 V》（1954 年）

3.2 柯布西耶的建筑实践

柯布西耶——现代主义建筑的先驱，在全世界的 12 个国家一共设计了 78 座建筑。从时间层面上看，柯布西耶的建筑设计经历可以大致分为四个时期：仍然带有古典装饰元素的启蒙时期，提倡工业技术及功能性的机器建筑时期，"二战"前采用自然石材的粗野主义时期，战后利用粗糙混凝土的粗野、浪漫主义时期。在每一时期，柯布西耶的建筑设计思想均有改变，因此，建筑风格也各不相同。

1905 年，柯布西耶在自己的家乡完成了第一个建筑设计——弗雷别墅（图 3-56）。从此，他开始建筑实践，一直到 1964 年设计的哈佛大学卡朋特视觉艺术中心为止。本节按照时间的顺序，介绍柯布西耶每个时期具有代表性的建筑实践作品。

图 3-55 《公牛Ⅷ》（1954 年）

图 3-56 弗雷别墅

3.2.1 古典主义建筑（1905—1916 年）

柯布西耶早期的建筑教育是通过旅游与自修的方式，并向一些古典建筑大师学习。柯布西耶 1907—1911 年游览意大利、希腊、土耳其等欧洲各国的古典主义建筑，深受古典主义影响。他在学校学习建筑装饰艺术，因此，从他启蒙时期的建筑作品中可以看到古典主义的影子。

柯布西耶这一时期设计的建筑都是住宅，大多位于柯布西耶的故乡——瑞士拉绍德封，1905 年设计的弗雷别墅、1907 年设计的贾库美别墅与斯托兹别墅、1912 年设计的费弗尔·杰考特别墅与基纳瑞特·佩雷特别墅、1916 年设计的史沃柏别墅（图 3-57）。在法国也有柯布西耶设计的带有古典主义特征的建筑，如1921年设计的贝尔克别墅改建。

弗雷别墅是柯布西耶为工艺美术学校委员会委员路易·弗雷设计的，他将实用主义与当地的传统建筑形式相结合，建造了一栋既实用又与周边的森林环境相协调的建筑。在这栋建筑中，柯布西耶将许多

图 3-57　史沃柏别墅

几何化的植物图案运用到立面装饰中，并把建筑的屋顶设计成具有古典特征的坡屋顶。柯布西耶在弗雷别墅建筑的外围设置一圈廊道，将整个建筑的空间向内压缩，建筑内部空间围绕楼梯布置。这种空间的处理手法在柯布西耶之后的建筑中也很常见。

史沃柏别墅是柯布西耶在故乡设计的最后一个具有古典主义特征的建筑，它依然具有各种古典样式的装饰，如立面的线脚与窗的装饰。柯布西耶依据严格比例控制划分立面。史沃柏别墅的内部空间是对称的，楼梯并没有布置在平面的中间，而是布置在靠外墙的位置，整个建筑的两侧是由两个半圆形的空间构成的。这座建筑的空间布置继承了古典对称、均衡的空间格局。

3.2.2　"白色时期"的机器建筑（1920—1928 年）

1908—1909 年，柯布西耶在法国巴黎的佩雷工作室学习工作，学习了当时先进的混凝土应用技术，为他设计现代主义建筑奠定了基础。1914 年，柯布西耶 27 岁，他提出了多米诺结构体系，这标志着柯布西耶现代建筑的开始（图 3-58）。多米诺结构体系

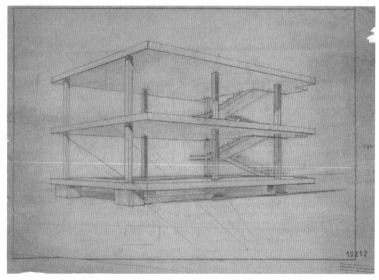

图 3-58　多米诺结构体系

是"一战"后为低成本住宅而设计的，它是一种
独立于住宅平面功能的骨架，只承重楼板和楼梯。
它由标准的构件组装而成，彼此可以联系，使住
宅的组合具有了丰富的多样性。之后，柯布西耶
又在 1919—1920 年设计了 Troyes 现浇混凝土住
宅、整体"Monol"住宅与雪铁龙住宅。

　　1920 年，雪铁龙住宅的出现标志着柯布西耶
"白色时期"建筑的开始（图 3-59）。雪铁龙住宅
采用两片独立的墙体承重，建筑材料采用当地的
材料——砖、石头、混凝土砌块等，楼板与工厂生
产的门窗均遵循统一的模数。在 1922 年的秋季沙龙
展上，柯布西耶展出了雪铁龙住宅的模型。这个建
筑有了很多创新性的改变，采用底层架空，取消檐
口，采用水平长窗并设置屋顶花园。这是一个纯粹的、
规则的立方体。与雪铁龙汽车一样，柯布西耶把雪
铁龙住宅看作"居住的机器"。基于建筑工业化模数，
雪铁龙住宅可以根据需求进行工厂的批量生产。柯
布西耶为画家奥占芳设计住宅（图 3-60），他把建

图 3-60　奥占芳住宅

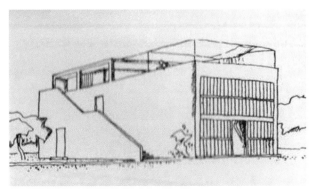

图 3-59　雪铁龙住宅

筑底层架空，将主要功能设置在第2层以上的部分，其中第3层是奥占芳的工作室；他把奥占芳的工作室两层空间联系起来，设计成流动、连续的大空间（图3-61）。

1923年的拉罗歇·让纳雷住宅是为拉罗歇与让纳雷两位业主设计的联合住宅，两栋建筑组成了一个整体（图3-62）。由于用地的限制，这栋建筑并没有设计成规则的方盒子，它的整体布局是根据用地的情况确定；建筑最终的整体形态是由不同的几何体组合而成。两栋建筑是根据业主不同的使用需求设计的，因此，两个住宅的空间构成是完全不同的。拉罗歇是单身的艺术家，他的住宅是以大空间和串联的开敞空间构成；而让纳雷的家庭有一个小孩子，他的住宅是以小的独立的封闭空间构成。在拉罗歇的住宅中，设计了一条观赏流线。人沿着流线运动，一连串不同的场景相继展开，可以感受空间中光与影、闭与合的空间变化。

拉罗歇·让纳雷住宅从整体上可以看成多个单元的组合体。此时，柯布西耶希望通过标准化的住宅实现住宅的大批量生产，解决住宅紧缺的问题。1925

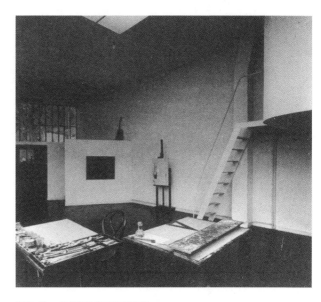

图 3-61 奥占芳住宅工作室内部

图 3-62 拉罗歇·让纳雷住宅

图 3-63　佩萨克住宅区

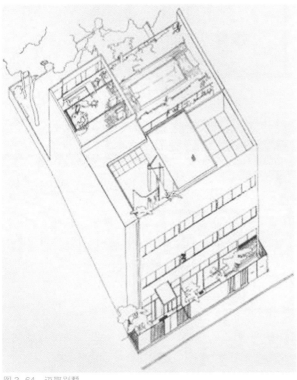

图 3-64　迈耶别墅

年的佩萨克住宅区（图 3-63）的设计，就是标准化住宅设计的一次实验。1个单元、1.5 个单元、2 个单元的组合，可以形成不同的建筑形态组合；每个单元都是一个标准的雪铁龙住宅。在整个小区的设计中，柯布西耶利用色彩区分不同的建筑。

1925 年，柯布西耶在迈耶别墅（图 3-64）中与新精神馆（图 3-65）中使用多米诺结构体系。建筑空间布置变得更加自由，立面设计也更加灵活。在室内，柯布西耶开始使用曲面隔墙划分空间，并设计坡道。在迈耶别墅中，柯布西耶设计了坡道、半圆形的楼梯及曲面墙。1926 年，在非常有限的地块内，柯布西耶设计了布洛涅艺术家住宅，它的平面是由规则的矩形和直角三角形组合而成的，在它们之间还为树留出了生长空间。

在 1926 年设计的库克住宅（图 3-66）中，柯布西耶将他的新建筑五原则第一次引入建筑设计中。建筑使用水平长条形窗，长条形窗与相同面积的多个窗相比，具有更好的采光效率，也具有更好的观赏视野。在空间构成上，柯布西耶依然将起居室设计成两

图 3-65 新精神馆

(a)

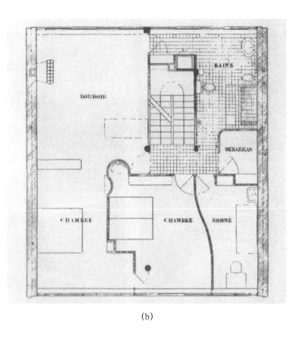

(b)

图 3-66 库克住宅外部造型与平面图

层通高，形成连续的大空间；他将隔墙与承重的柱子分离，并且根据功能的需求将隔墙设计成曲面，形成水平流动空间。在 1926 年的 Guiette 住宅（图 3-67）设计中，柯布西耶也大量使用曲面隔墙，形成流动空间；曲面隔墙大多出现在建筑的附属空间中，如卫生间、浴室、走廊、楼梯等。

(a)

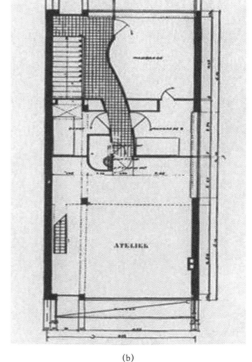

(b)

图 3-67　Guiette 住宅外部造型与平面图

1927 年的加歇别墅（图 3-68）是柯布西耶"白色时期"的重要建筑，建筑的平面与立面的设计遵循严格的比例要求；建筑的主要入口设置在二层的平台上，一层空间设计成仆人用房。整个建筑是采用 5 m×2.5 m 的基本单元排列组成，柱子与划分空间的隔墙分离。建筑内部空间由许多曲面构成，形成丰富的空间形态。除二层的室外平台，屋顶还设置成可以上人的花园。在加歇别墅的设计中，立面与内部空间的联系被弱化，立面就是包裹在建筑外部的表皮；内部复杂的空间构成与简洁的立面构成形成鲜明的对比。如果不进入建筑，依据简洁的立面很难想象到内部复杂的空间构成。同年，柯布西耶设计了魏森霍夫的两栋住宅（图 3-69）。这两栋住宅采用雪铁龙体系设计，内部空间均是满足生活基本功能的小空间；在这两栋建筑中，柯布西耶开始研究符合人体尺度的最小居住单元，以及标准化建筑构件。

图 3-68 加歇别墅

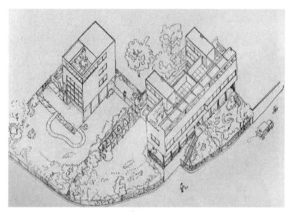

图 3-69 魏森霍夫住宅

1928 年，柯布西耶通过两个形体块的组合解决了迦太基别墅中的通风与采光问题，建筑的内部由大小、形状各异的空间组合形成，外部由柱子与外廊构成，整栋建筑看起来像一部复杂的机器。同年，柯布西耶设计萨伏伊别墅（图 3-70），标志着柯布西耶"白色时期"建筑的结束。萨伏伊别墅由多米诺结构体系构成，空间分割不受限制。建筑的空间布局

图 3-70 萨伏伊别墅

是围绕两个垂直交通要素展开的，不同空间通过楼梯与观赏坡道联系成整体。整个建筑如同机器一样，矗立在草坪中间；柯布西耶在建筑中设计了两个不同平面层次的室外空间——二层室外平台与屋顶花园，将自然要素引入建筑空间中。萨伏伊别墅最能体现柯布西耶的新建筑五原则，即自由平面、自由立面、条形长窗、底层架空、屋顶花园。它是柯布西耶理性主义时期的代表。

3.2.3 过渡时期的建筑（1930—1945 年）

1930 年，柯布西耶开始在建筑中使用自然、生态的材料，如石材、木材等。他刻意表现建筑材料的自然属性。如 1930 年柯布西耶在南美洲智利设计的 Errazuris 先生的住宅（图 3-71）与法国的 Mandrot 女士的别墅（图 3-72）。在 Errazuris 住宅中，石头砌筑的承重墙与木质的柱子构成整栋建筑的结构体系。地面是用毛石铺成的，建筑内部木结构清晰可见。柯布西耶取消了屋顶花园，建筑的屋顶是倾斜的并铺有瓦片。建筑的空间由私人空间与公共空间构成，私人空间小而封闭，相比之下，公共空间大而开敞，并且是 2 层通高的垂拔空间。在 Mandrot 别墅中，柯布西耶同样使用当地石材砌成承重墙。墙体表面为不加任何修饰的毛石墙；在建筑室内，他将毛石墙面粉刷成白色，但粗糙的质

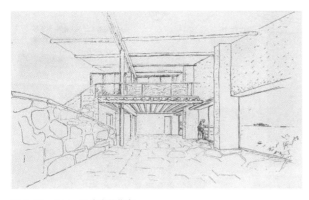

图 3-71　Errazuris 先生的住宅

图 3-72　Mandrot 女士的别墅

感依然清晰可见。此时，柯布西耶对建筑材料
的使用不再是平滑的白色墙体，他开始使用自
然、有机、原生态、粗野的建筑材料表现建筑
的性格。

1930—1932 年，柯布西耶设计巴黎大学城
的瑞士馆（图 3-73），建筑是由主体的长方体
主楼与北侧的附属建筑构成的。建筑的主体部
分通过底部的混凝土桩支撑悬浮在地面上，使
绿化延伸到建筑的下面，这样就形成了半开敞
的室外空间。柯布西耶通过对比的手法来表现
这座建筑，如大楼北面的楼梯间的弧形墙面与
水平墙面的对比，粗糙的毛石墙面与素混凝土
墙面对比，正面通透的立面与背面封闭的立面
对比等。柯布西耶利用大面积的曲面玻璃墙划
分一层的空间，楼梯的入口被设计成自由曲线
形。建筑的标准层是学生公寓，顶层设置露台。
主体建筑的立面使用粗糙的素混凝土，并在混
凝土上划分长方形的方格。建筑南侧的立面由
大面的窗构成，顶部开有 3 个洞口，为顶层的
露台提供视野。

1932—1933 年，柯布西耶设计了巴黎
庇护城（图 3-74），将许多城市的公共服务功
能与居民的居住功能放到一栋建筑中。这栋建
筑的地下一层平面有诊所、卡车通道与集会厅，
首层有厨房和食堂，二层有男女宿舍与阅览室，
六层有托儿所，七层设置母婴室；柯布西耶试

图 3-73　巴黎大学城的瑞士馆

图 3-74　巴黎庇护城

图 3-75　莫斯科中央局大厦模型

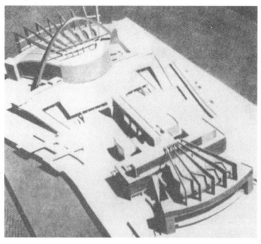
图 3-76　苏维埃宫模型

图将多种不同的生活功能安排在建筑中。建筑的空间组织紧凑，但非常有秩序。建筑的南侧采用封闭的玻璃窗，内部有机械通风系统，其余部分使用粗糙的素混凝土。1933 年，柯布西耶在巴黎还设计了 Molitor 门的出租公寓。这栋建筑的首层为仆人设计，其他每一层平面均不相同，根据居住者的意愿进行建造。在这栋建筑的内部，各种不同功能、形态的空间相互渗透、流动，形成了丰富的空间组合。

　　在过渡时期，柯布西耶为当时的苏联政府设计了两栋建筑的方案，分别是 1928—1935 年的莫斯科中央局大厦（图 3-75）与 1931 年的苏维埃宫（图 3-76）。这两栋建筑因种种原因最终没有建成。

3.2.4　战后粗野主义、浪漫主义的建筑（1945 年以后）

　　"二战"期间，柯布西耶的建筑作品很少。战后，柯布西耶为解决政府住房紧缺的问题，开始研究以人为尺度的居住单元，并设计了马赛公寓。整栋建筑如同城市一样，由公共服务设施、楼顶活动平台与居住单元组成。柯布西耶设计不同的户型，以满足不同形式的家庭的需求。大楼底层架空，立面的划分遵循严格的比例，立面材料采用粗糙的混凝土。马赛公寓是钢筋混凝土结构体系，内部的空间由预制的基本模块组合而成，建造时需要大量的现场吊装工作。两个 "L" 形居住单元组合成一个整体，两层空间共用一条公共走道，这样可以节省空间。公寓的中间层设置商店、邮局、旅馆等公共服

务层；顶层设置医疗保健服务层；屋顶是公共的屋顶
花园，设置露天室外体育健身场（图 3-77）、日光浴场、
露天咖啡座。柯布西耶在屋顶公共空间的设计中运用
了大量的自由曲面划分空间，并将通风塔等建筑的构
筑物设计成有机的造型，如同人体器官；这些造型可
以从柯布西耶的绘画与雕塑作品中找到原型。1949 年，
柯布西耶在燕尾海角做 "Roq" 与 "Rob" 研究，并提
出了一种蜂房式的自由组合建筑空间体系。这种居住
空间组合体系也有力地证明了马赛公寓的可行性。1956
年，柯布西耶在南特与柏林也分别设计了一批人居单
元的公寓。

　　1951—1957 年，柯布西耶在印度昌迪加尔设计了
一系列粗野主义风格的建筑，如大法院、秘书处、议
会大厦、总督府等。柯布西耶在大法院的设计中使用
了绘画与雕塑中的色彩系统，将大法院入口的三道墙
分别涂上绿色、白色与橙色。昌迪加尔大法院（图 3-78）
粗犷的造型与粗糙混凝土的结合塑造出一种力量与

图 3-77　马赛公寓屋顶体育健身场

图 3-78　昌迪加尔大法院

图 3-79　昌迪加尔议会大厦

图 3-80　艾哈迈达巴德纺织协会总部

威严感。由于当地日晒比较严重，柯布西耶采用了独特的遮阳系统，顶部的屋顶露台用一个伞状的混凝土壳体结构遮住，这个壳体结构悬挑出很大的檐部；南侧的采光窗采用矩形方格的立体遮阳。建筑的内部空间是以四层的通高开敞门厅为中心组织的，门厅内设置开敞的楼梯与坡道，将各层的空间联系成整体。柯布西耶在公共空间的隔墙上开取不规则的洞口，使空间之间相互渗透。在秘书处的空间设计中，柯布西耶将一些小的空间，如楼梯间、卫生间等，设计成曲线的形式。

在昌迪加尔议会大厦（图 3-79）的设计中，柯布西耶将议会大厅的平面设计成圆形，整个空间是由双曲薄壳结构的内壁围合而成；这个空间穿过建筑的各层楼板形成雕塑般的造型并与室外联系；在议会大厅的顶部设置了通风系统。建筑的入口是由混凝土薄壁壳体雨棚与大片隔墙限定的开敞门廊，旁边是线形的坡道。建筑的屋顶被设计成了屋顶露台，可以举办室外宴会等活动。1954—1957年，柯布西耶在印度的艾哈迈达巴德也设计了一系列粗野主义建筑，如纺织协会总部、文化中心、肖特汉别墅等。在艾哈迈达巴德纺织协会总部（图 3-80）的顶层集会大厅中，柯布西耶利用自由的曲面围合成一个巨大的器官形空间，顶部用一个反曲的薄壳结构覆盖。

柯布西耶设计了一些具有浪漫主义情怀的建筑，如他在1950—1954年设计的朗香教堂（图3-81）。柯布西耶在这座建筑中将他所追求的"器官"造型做到了极致。建筑的整体如同一座艺术品雕塑，坐落在山丘上。柯布西耶在朗香教堂的设计中运用隐喻的手法，将建筑的屋顶设计成仿生的形态，有人说像贝壳，也有人说像帽子。3座高耸的塔亻立在建筑的两侧，如同建筑的听觉器官。教堂的内部是由一个大的公共空间与一些小的半开放空间组合而成，构成空间的墙体都是曲面或是倾斜的。这种变幻莫测的空间形态能够给朝圣者营造一种神圣感。建筑的立面采用混凝土喷枪完成，墙面由粗糙的混凝土颗粒构成。建筑的室内与室外均涂成白色，不施加其他装饰。巨大的墙面上开满了大大小小的喇叭口形的窗，彩色的玻璃镶嵌其中。整座建筑的室内形成了一种光、影、明、暗的神秘空间效果。朗香教堂的设计充分地表达了柯布西耶晚期的设计思想与建筑哲学，使他成为充满浪漫主义情怀的建筑诗人。1958年，柯布

图3-81　朗香教堂

西耶利用双曲抛物线的帆状悬索张拉结构在布鲁塞尔博览会上设计了飞利浦馆（图3-82），这也是一种充满想象力的空间形式。1961—1964年的哈佛大学卡朋特视觉艺术中心是柯布西耶最后一个建筑作品。

图3-82 布鲁塞尔博览会的飞利浦馆

第4章
柯布西耶的抽象绘画及其
建筑空间构成的关联性

　　从艺术创作角度看，柯布西耶的职业生涯可以分为三个重要的时期，即早期、过渡时期和晚期。尽管他的绘画与建筑作品在不同的时期呈现不同的艺术特点，但在某一段时间是能够对应的，比如，早期的纯粹主义绘画与白色时期的机器建筑，过渡时期的绘画与建筑，晚期的抽象绘画与粗野、浪漫主义建筑等。在挖掘抽象绘画与建筑空间构成关联性的同时，也能分析柯布西耶设计思想的变化。

4.1　图形构成与单一空间的联系

　　柯布西耶的抽象绘画由基本的图形构成，建筑整体由单一的空间组成。点、线、面是图形的基本构成元素；体块、板面、杆件是空间构成的基本要素。

4.1.1　抽象绘画图形构成要素

　　在抽象绘画中，不同的物体具有不同的图形。柯布西耶利用线、面基本的元素构成抽象绘画中的几何图形。研究抽象绘画的图形，应从图形的基本构成元素——线与面入手。

　　1. 早期

　　早期，柯布西耶的绘画主题是一些工业产品，如盘子、杯子、酒瓶、吉他、烟斗、烛台等。在早期的抽象绘画中，柯布西耶通过直线、规则的曲线表现物体规则的几何图形。抽象绘画中很少出现斜线与不规则的曲线，画面中的图形均遵循垂直水平的基本构图。柯布西耶通过规则的曲线表现现代工业产品的几何形式。这些曲线大多是半圆曲线、倒角曲线、水平或垂直的波浪曲线、S形曲线；除此之外，绘画中大多是垂直与水平的直线。柯布西耶利用各种规则的曲线与直线构成了规则的几何图形。他消除画面的透视效果，将物体的正立面及侧立面同时表现在绘画中，绘画中的静物由几个方向的几何面组成。在绘画中，柯布西耶通过规则的图形表现瓶子、吉他、盘子、书、烟斗、桌子等物体。其中，圆形、半圆形、环形、长条矩形、带形波浪、三角形是柯布西耶抽象主义时期常用的

图 4-1 《静物》(1920 年) 线的分析图 1

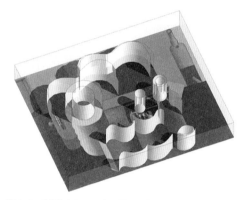

图 4-2 《静物》(1920 年) 线的分析图 2

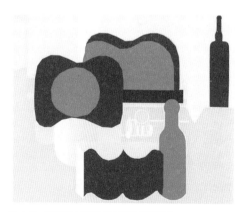

图 4-3 《静物》(1920 年) 面的分析图 1

几何图形。

在作品《静物》(1920 年)(图 4-1)中，柯布西耶利用波浪曲线、S 形曲线表现吉他的琴身、书及瓶颈；利用半圆曲线与正圆形表现瓶子、盘子及烟斗。这些曲线均遵循垂直、水平的正交体系，如果将这些线沿垂直画面的方向拉伸，就能形成垂直于画面的板面，这些面就成为划分空间的基本要素（图 4-2）。每一个表现静物的图形是完整的，并在画面中形成了规则的图底关系（图 4-3）。如果将这些图形的面沿垂直于画面的方向拉伸，可以形成封闭的体块，体块的内部形成独立的空间，体块与体块之间的关系限定物体的外部空间（图 4-4）。这就如同建筑的外部空间，也可以视为城市空间。

2. 过渡时期

1926 年后，柯布西耶绘画的主题发生了转变，从纯粹的几何物体变成自然的有机物体，如树根、石头、贝壳、骨头等。在过渡时期，抽象绘画中规则的几何图形开始向自由的有机图形转变，不规则的曲线成为抽象绘画的主角。在《根之静物与黄色缆绳》(1930 年)(图 4-5)中，柯布西耶通过不规则的曲线表现树根与缆绳的自然形态。如果将这些不规则的曲线沿垂直于画面的方向拉伸，这些曲线将会变为划分空间的板面。这样形成的空间就具有了流动、

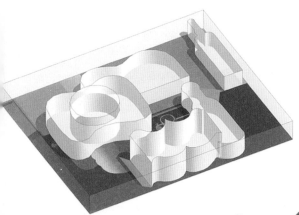

图 4-4　《静物》(1920 年)面的分析图 2

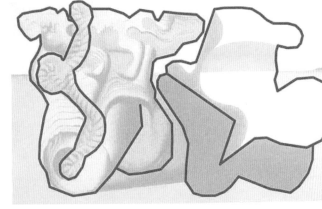

图 4-5　《根之静物与黄色缆绳》(1930 年)线的分析图

自由等特点。

　　纵观这一时期的绘画，不难发现，绘画中线条的运用并不是很多；他还是通过面的色彩、阴影的变化表现物体自由、多变的自然形态。在过渡时期，这些图形没有被彻底抽象，从绘画中依然可以清晰地辨认出这些自然形态。从《根之静物与黄色缆绳》(1930 年)分析图(图 4-6)中，可以清晰地看出具有自然形态的图底关系，抽象绘画由几个不规则的面构成。

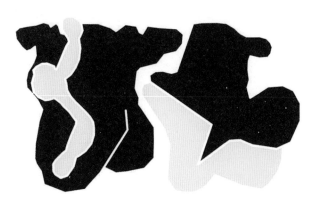

图 4-6　《根之静物与黄色缆绳》(1930 年)面的分析图

3. 晚期

"二战"后，柯布西耶的绘画发生了彻底的改变。人体或动物的形态成为他绘画的主题。在抽象绘画中开始出现大量自由、连续的线条，并伴有鲜亮色彩的自由图形。柯布西耶使用粗犷的自由、连续的曲线表现人体的形态，这些线条粗细不均匀，笔触粗犷。他试图通过绘画表现出粗野、浪漫、自由的情感。

柯布西耶通过连续变化的线条表现人体的动态，人体仿佛处于运动之中。如《白色背景上的三个女人》（1950 年）（图 4-7），画中，线条自由，笔触硬朗、粗犷，表现出一种非理性的形态。他通过不规则图形的色块表现人肢体的体量与阴影。这些颜色分别是红色、蓝色、黑色、黄色等纯色，这些纯色的图形能唤起人们无限的联想与记忆（图 4-8）。

图 4-7 《白色背景上的三个女人》（1950 年）线的分析图

图 4-8 《白色背景上的三个女人》（1950 年）面的分析图

4.1.2 建筑单一空间构成要素

柯布西耶在创作抽象绘画的同时，也设计了不少建筑作品；在其建筑的单一空间的构成要素中，出现了与抽象绘画相似的构成图形。建筑的单一空间构成可以分为建筑的内部与外部两部分：建筑内部是指内部的独立空间的构成；建筑外部是指构成建筑外部空间形态的要素，如曲面平面、曲面屋顶、建筑外部的曲线造型等。

4.1.2.1 内部空间构成

1. 早期

在早期，柯布西耶的建筑主要是由小空间构成的住宅建筑。建筑的内部空间布局总体呈现垂直、水平的正交关系，这种体系符合墙、柱承重的结构体系。随着结构技术的发展，他在建筑的空间内部更多地使用柱承重；隔墙可以与柱分离，可以自由划分建筑的空间。在内部空间的构成中，柯布西耶不局限于直面隔墙的使用，还使用了大量的曲面隔墙。这些曲线均是规则曲线，如半圆曲线、倒角曲线、S 形曲线等；它们遵循水平、垂直的正交体系。这些规则曲线与直线就形成了垂直的隔墙，划分出不同形态的空间。这些曲线图形要素在早期的抽象绘画中是经常出现的。

柯布西耶通常将这些曲面隔墙运用到附属功能的空间构成中，如楼梯、卫生间、走廊等。曲面隔墙限定的空间能够给人带来不同的心理感受。在卫生间的内部，他利用曲面隔墙包裹浴缸与坐便器，使这种空间更加私密与亲切。曲面空间形态能够消除垂直墙面构成的阴角所带来的局促感。在楼梯的设计中，柯布西耶采用半圆形的曲线。这样，在空间中曲线变成螺旋上升的曲面，贯穿于整座建筑之中，将每一层的空间有效地串联到一起，形成整体，使空间更具运动感与方向性。除此之外，曲面与垂直、水平的墙面形成对比，使空间的构成均衡，有韵律。

　　无论是平面中表现楼梯、卫生间、走廊的曲线，还是空间中界定空间的曲面，这些图形元素都曾出现在柯布西耶早期的抽象绘画中。这并不是巧合，这些图形文字正体现了柯布西耶的抽象绘画图形与建筑空间构成要素之间的联系。在柯布西耶"白色时期"的住宅设计中，这些曲面的空间构成要素常常出现在卫生间、楼梯、屋顶花园的设计中（图4-9）。在萨伏伊别墅中，柯布西耶将屋顶花园用类似波浪形的曲面隔墙包围，

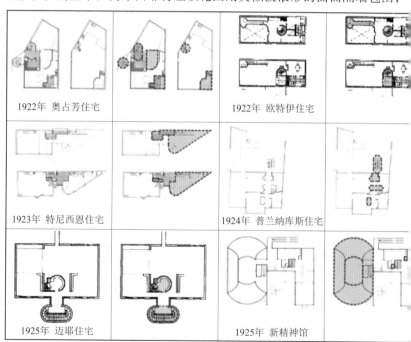

1922年 奥占芳住宅　　　1922年 欧特伊住宅

1923年 特尼西恩住宅　　　1924年 普兰纳库斯住宅

1925年 迈耶住宅　　　1925年 新精神馆

图4-9 柯布西耶建筑平面构成分析

形成半开敞的空间。这种波浪曲线与他抽象绘画中表现书、吉他的波浪曲线是极为相似的（图4-10）。

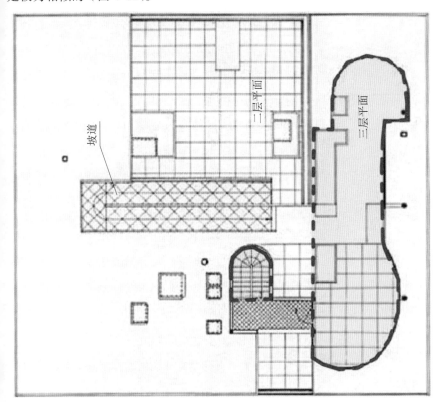

图4-10　萨伏伊别墅屋顶花园空间构成中的曲线元素

　　在内部的空间构成中，柯布西耶除了在隔墙的设计中采用与绘画中相同的曲面形式，在屋顶的设计中，他也采用曲面形式。如"Monol"住宅的屋顶是波浪形的曲面，与柯布西耶绘画中的波浪形曲面相同；波浪形曲面构成的空间能够减少平屋顶空间带来的压迫感。从建筑的外部看，"Monol"住宅的屋顶形成连续的"凸"形的曲线，与抽象绘画中表现吉他、书等物体中波浪形曲线相同（图4-11）。

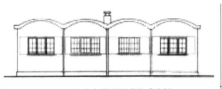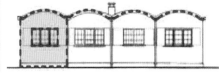

图4-11　"Monol"住宅屋顶形式构成分析

图4-12 圣·克劳德住宅正立面图

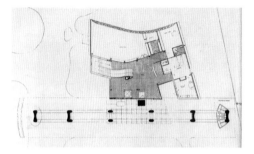

图4-13 巴黎大学城瑞士馆平面图

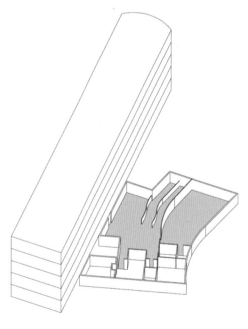

图4-14 巴黎大学城瑞士馆空间分析图

早期，柯布西耶的"Monol"型住宅较少。在过渡时期与晚期，柯布西耶设计了一些"Monol"型住宅，如过渡时期的巴黎郊外的圣·克劳德住宅（图4-12）、晚期印度的萨拉巴依女士住宅。

在建筑内部空间中，限定要素的图形与抽象绘画中描绘瓶子、杯子等物体的曲线与曲面相似。对于建筑的内部空间构成，柯布西耶采用纯粹的几何形式，他试图将抽象绘画中纯粹几何的形式表现在建筑的空间构成中。因此，柯布西耶早期的抽象绘画的图形与建筑内部空间构成要素之间具有一定的联系。

2. 过渡时期

在过渡时期，柯布西耶开始设计一些公共建筑的大空间，在这些大空间中他使用自由曲面隔墙。1930—1945年，柯布西耶建筑中虽出现了曲面的空间构成要素，但是，此时的曲面仍然是规则的二维曲面，即在垂直方向上没有发生曲线的变化。例如，在1930—1932年的巴黎大学城瑞士馆（图4-13）中，柯布西耶采用了大量的曲面。建筑的裙房部分由曲面墙体构成，内部的垂直的曲面玻璃隔墙划分空间，使入口门厅形成不规则图形的空间，与箱形长方体空间（图4-14）形成了鲜明的对比。这些不规则的曲线与过渡时期抽象绘画中的不规则相似，它们都在解读物体的自然形态。在过渡时期，柯布西耶追求自然物体的不规则形态，并在抽象绘画与建筑空间构成中均使用不规则二维曲面。因此，在这一时期，建筑内部空间构成要素与抽象绘画图形构成要素之间具有一定的联系。

3. 晚期

在战后粗野主义时期，柯布西耶的建筑空间总体仍然是垂直、水平的正交体系，建筑的大空间内部由柱子构成均质多米诺空间。与早期不同的是，他在规则的空间中，插入了由自由曲线构成的有机图形。这些图形与绘画中表现人体或是自然有机物的图形相似。它们的平面由自由的曲线构成，垂直方向依然由曲线构成，这样就形成了三维的空间曲面。三维空间的曲面围合而成的空间形态如同柯布西耶表现有机物体的雕塑一样，具有多变的自由形态。在这一时期，柯布西耶喜欢将有机的器官空间插入均质的多米诺结构体系中，形成空间形态的对比。战后混凝土技术的发展才使这种三维空间壳体结构成为可能。柯布西耶利用这种曲面墙体围合出一个大型的器官空间，这个空间通常是集会厅或报告厅等大空间。

1950年，柯布西耶设计印度昌迪加尔议会大厦，他将喇叭形的有机空间——议会大厦插入多米诺结构体系中（图4-15）。议会大厦的平面（图4-16）是圆形，剖面（图4-17）是由两条双曲线构成。人在议会大厦的内部与外部具有不同的空间

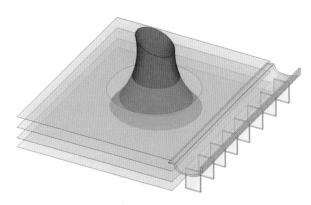

图 4-15 均质空间中插入有机的器官空间

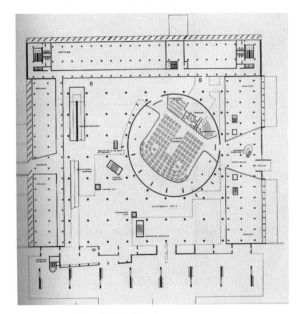

图 4-16 昌迪加尔议会大厦平面图

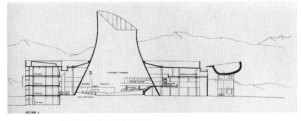

图 4-17 昌迪加尔议会大厦剖面图

感受。在内部（图4-18），空间在垂直方向上发生变化，给人很强的围合感。这个空间使人感到严肃、庄重。在外部（图4-19），三维曲面给人运动感，并让人感到空间的对比与变化。内外空间的对比使建筑的空间构成更加丰富。印度艾哈迈达巴德棉纺协会总部顶层的集会厅也是由三维空间曲面围合成的器官空间。整个空间由一个连续的片状的三维曲面包裹形成；建筑中的卫生间、楼梯间等小空间也是这种空间构成手法，如同建筑中散落着几个有机的自然物体（图4-20）。

图4-18 昌迪加尔议会大厦内部空间

图4-19 昌迪加尔议会大厦外部空间

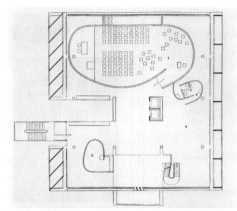

（a）集会厅平面图

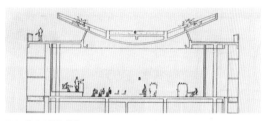

（b）集会厅剖面图

（c）集会厅室内 1

（d）集会厅室内 2

（e）集会厅室内 3

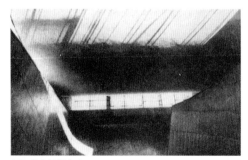

（f）集会厅室内 4

图 4-20　艾哈迈达巴德棉纺协会总部顶层的集会厅平面图及室内透视

在晚期，柯布西耶在建筑中引入有机空间。这种自由的空间从平面上看，是自由曲线；从剖面上看，依然由曲线构成。这些连续的自由曲线图形与柯布西耶绘画中描绘人体形态的曲线图形相似，它们没有严格的规律。在这一时期，柯布西耶的设计思想从理性彻底转变为非理性。他的空间构成手法从早期的规则化完全过渡到自由化，他成熟地在空间构成中运用自由曲线及三维曲面；同时，在抽象绘画中使用相似的自由图形。因此，柯布西耶在晚期的建筑空间构成限定要素上与抽象绘画图形的构成要素上均使用非理性的自由图形，二者之间具有一定的联系。

4.1.2.2　外部空间形态构成

1. 早期

在"白色时期"，柯布西耶的建筑主要有四种基本原型，也被称作四种构成法（图4-21）。第一种是将不同的几何形体组合形成的建筑形态，这种类型内部空间功能布置相对容易，但是建筑的外部造型零碎，不完整，如拉罗歇住宅与人民宫宿舍住宅；第二种是纯粹表现建筑形体的直方体建筑，这种建筑内部空间单一、紧凑，但外部建筑形体完整、纯粹，"雪铁龙"住宅就是最好的例子；第三种结构与建筑的外围护墙体脱开，因此建筑体量相对模糊，建筑外部造型零碎，不完整，如贝泽住宅和迦太基住宅；第四种是内部空间构成丰富，但通过简单的几何表皮将建筑包装成纯粹的几何建筑形态，既满足建筑内部丰富的空间构成，又使建筑外部造型符合纯粹的几何造型，如萨伏伊别墅与加歇别墅。

这四种类型都属于白色的方盒子，因此，柯布西耶的早期也被称为"白色时期"。从这四种建筑类型的外部造型来看，无论是几何形体的组合，还是纯粹的直方体，均追求简单、纯粹、规则的几何造型，这与柯布西耶在抽象绘画中描绘静物的纯粹几何造型是一致的。这种纯粹的外部空间形态构成，不仅符合工业、机器形式美学，也符合结构力学原理。

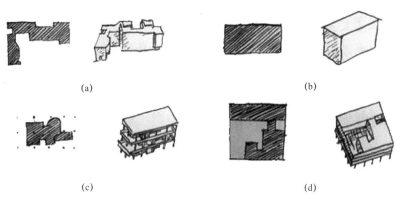

(a)　　　　　　　　　　　　　　　　　　　(b)

(c)　　　　　　　　　　　　　　　　　　　(d)

图 4-21　柯布西耶建筑的四种构成法

在建筑的外部造型中，柯布西耶使用绘画中规则的几何图形，如建筑立面上采用规则的几何图形，追求纯粹的几何美学。在他设计的立面中，不仅有矩形，还有弧形、三角形、螺旋曲面等规则几何图形（图4-22）。在外部空间构成中，建筑屋顶花园中的波浪曲面隔墙与抽象绘画中表现书、吉他的波浪曲面图形相似；建筑立面构成图形与抽象绘画中的几何图形相似。因此，他早期的抽象绘画图形构成要素与建筑外部空间构成要素之间存在联系。

2. 过渡时期

在1930年的巴黎大学城瑞士馆（图4-23）的设计中，柯布西耶将楼梯间与北侧的墙面设计成曲面形，与箱形的长方体形成对比。在1931年苏维埃宫的设计方案（图4-24）中，他也尝试使用

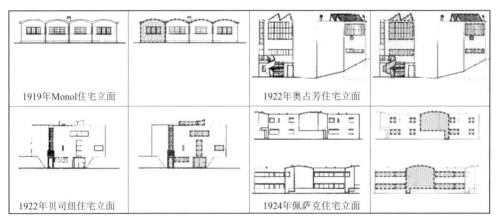

图4-22　柯布西耶早期立面图形构成分析

图4-23　巴黎大学城瑞士馆

图4-24　苏维埃宫的方案模型

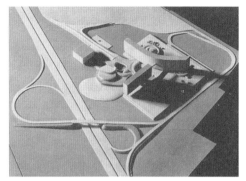

图 4-25 奥利维蒂电子计算中心设计模型

（a）

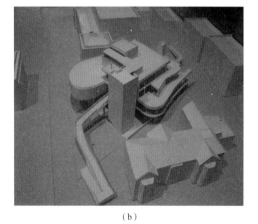

（b）

图 4-26 哈佛大学卡朋特视觉艺术中心模型

拱形作为建筑的造型。不规则曲线、拱形等图形与他同时期抽象绘画中表现自然物体的图形元素相似。因此，在过渡时期，建筑外部空间造型与抽象绘画的图形元素存在联系。

3. 晚期

在外部空间设计中，柯布西耶将自由曲线运用到建筑裙房、景观与场地设计中。他不仅将建筑的裙房部分设计成自然曲线，如奥利维蒂电子计算中心的设计（图 4-25），建筑的总平面图如同一幅抽象绘画，他也将抽象绘画中的自由曲线运用到建筑的屋顶花园的设计中。在朗香教堂的设计中，他将整座建筑都设计成一个自然形态的造型，整个建筑如同他的雕塑作品。在 1964 年建成的美国哈佛大学的卡朋特视觉艺术中心的建筑整体由两个自由曲线图形组合而成（图 4-26）。

在空间限定要素中，屋顶是柯布西耶重点处理的要素。柯布西耶将建筑入口处的屋顶设计成自由曲面。屋顶是建筑能给人留下第一印象的地方，因此，人们进入柯布西耶建筑内部之前就感受到建筑的自然有机的形态。如印度昌迪加尔议会大厦的入口门廊处设计了自由曲面的屋顶，这样的大片薄壳屋顶如同一把巨大的遮阳伞，可以解决当地的日晒问题。他尝试将自然有机的形态运用到屋顶的设计中，屋顶有反曲面形、自由曲面壳体等，如印度昌迪加尔的议会大厦入口门廊的顶部反曲面造型（图 4-27），大法院入口顶部的伞状曲面造型（图 4-28），朗香教堂屋顶的自由曲面造型（图 4-29），印度艾哈迈达巴德棉纺

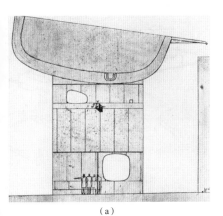

（a）

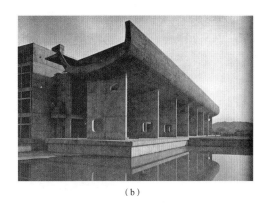

（b）

图4-27　昌迪加尔议会大厦入口门廊造型

（a）

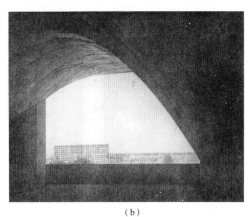

（b）

图4-28　昌迪加尔大法院入口顶部造型

（a）屋顶自由曲面造型

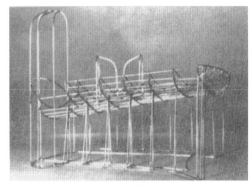

（b）钢丝模型

图4-29　朗香教堂的屋顶造型

协会总部顶部的反曲面造型（图4-30）。构成这些曲面的自由曲线与晚期柯布西耶抽象绘画中的自由曲线图形相似。柯布西耶在晚期将抽象绘画中非理性的自由曲线图形运用到建筑的外部空间构成要素中，因此，二者之间存在联系。

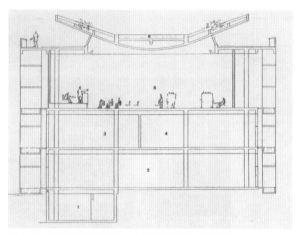

图4-30　艾哈迈达巴德棉纺协会总部顶部的反曲面造型

4.2　图形组合与空间组织的联系

虽然抽象绘画是二维的，但是它依然能通过画面中图形之间的关系表现其绘画空间；建筑的整体是多空间的组合，是许多空间限定元素的集合。本节比较分析柯布西耶抽象绘画图形组合与建筑空间组织方式。研究主要分为以下三步：首先，找出柯布西耶各时期抽象绘画的图形组合关系，其中包括画面的构图与垂直画面的图形叠加组合、透明组合，他通过这种图形组合方式表现抽象绘画的浅空间；其次，总结出同时期柯布西耶建筑中多空间的组织方式；最后，从操作手法上比较分析，研究二者之间的联系。

4.2.1　抽象绘画的图形组合

柯布西耶的抽象绘画与传统的写实绘画不同，传统的写实绘画是通过视觉的透视关系表现绘画中的视觉三维空间；而抽象绘画是通过绘画的构图、图形之间的前后叠加组合及透明组合表现绘画的空间。他将画面中的图形重叠组合，并在正投影的画面中表现出一种被压缩了的浅空间。本节从图形的基本构图、叠加组合、透明组合三个角度分析柯布西耶各个时期的抽象绘画空间。

在不同的时期，柯布西耶抽象绘画中的图形组合表现手法也不同。在早期，柯布西耶利用图形之间的重叠、遮挡表现绘画的空间层次，在过渡时期，先拆分图形，再重新组合表现自然物体的形体，并通过图形之间的层叠、透明表现绘画中的空间；在晚期，使用连续的自由线条构成表现人的图形，然后，图形之间相互拼贴、叠加组合，在线条后平涂大片的纯色，凸显人的肢体，他希望在二维平面上表现动态人体。

4.2.1.1　基本构图

1. 早期

柯布西耶在绘画中采用垂直与水平的构图：瓶子、盘子、杯子是垂直的；吉他、烟斗、书是水平的。这些水平与垂直的物体构成了画面正交的构图体系，画面中的几何图形及图形之间的组合都严格遵循这个正交体系。柯布西耶的《静物》（1922 年）基本构图分析如图 4-31 所示，除了半开的门有一条斜线，其他物体都是垂直与水平的，这样可以使画面的透视感降到最低，形成一种被压缩的浅空间。

2. 过渡时期

在过渡时期的作品《虹吸管静物》（1928 年）中，大部分虽然仍然是垂直与水平的构图关系，但是这种关系已经被一些不规则的曲线弱化；画面的构图并不是严格的水平、垂直的构图。此时正在向非理性、自由的构图过渡。《虹吸管静物》（1928 年）基本构图分析如图 4-32 所示。

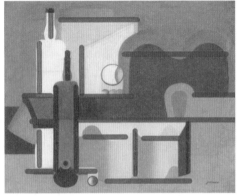

图 4-31　《静物》（1922 年）基本构图分析

图 4-32　《虹吸管静物》（1928 年）基本构图分析

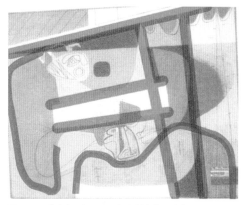

图 4-33 《公牛Ⅷ》（1956 年）基本构图分析

3. 晚期

在晚期的作品《公牛Ⅷ》（1956 年）中，已经出现了斜线及大量的自由曲线，这些元素打破之前的水平垂直的构图体系。柯布西耶利用先拆分再拼贴组合的手法，将各种破碎的图形元素重组在画面中。斜线与曲线并没有增强画面的透视感，抽象绘画的空间依然是一个被压缩的浅空间。《公牛Ⅷ》（1956 年）基本构图分析如图 4-33 所示。

4.2.1.2 叠加组合

1. 早期

柯布西耶早期的抽象绘画消除了传统绘画中的透视关系，绘画的空间不需要用近大远小的关系来表现，他利用比例控制将各种规则的几何图形叠加组合在画面中。虽然这种抽象绘画的空间被压缩过，但是从图形的叠加关系依然可以将图形分出层次。柯布西耶通过这种图形之间有层次的重叠组合表现抽象绘画中的浅空间。对于柯布西耶的作品《静物》（1922 年），可以通过图形之间的遮挡关系，把它们分为三个层次。《静物》（1922 年）空间层次分析 1 如图 4-34 所示。在有限的空间内，他通过不同物体的叠加组合，构成了一个丰富的抽象绘画空间。《静物》（1922

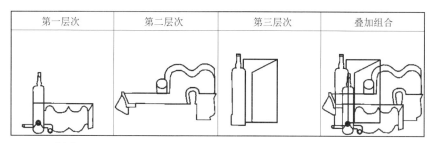

第一层次	第二层次	第三层次	叠加组合

图 4-34 《静物》（1922 年）空间层次分析 1

年）空间层次分析 2 如图 4-35 所示。

2. 过渡时期

在过渡时期，柯布西耶仍然利用早期表现几何静物的手法，将自然的有机物体摆放在一个有限的空间内，分层次地表现物体。柯布西耶在画面中安排了各种有机物体，如石头、树根、缆绳、面具、桌子等，他把这些物体按照合适的比例摆放在画面中。柯布西耶首先将有机图形拆分，然后重新组合表现在画面中。他通过色彩的变化及图形的层叠关系，将画面中的图形分出主次，将主要表现的物体置于画面的主要位置。如对于《虹吸管静物》（1928 年），画面可以分为多个层次，每个层次都有图形相互叠加。这幅抽象绘画的主题是表现一种自然的物理现象。《虹吸管静物》（1928 年）空间层次分析如图 4-36 所示。

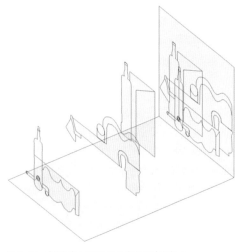

图 4-35　《静物》（1922 年）空间层次分析 2

3. 晚期

在晚期，柯布西耶将绘画的重点转移到人体上，他的绘画主要分为两个层次，第一个层次是粗犷、随性的黑色线条，第二个层次是带有色彩的不规则面。在第一个层次中，连续的自由曲线构成的图形也能分出层次。这两个

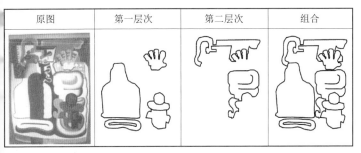

原图	第一层次	第二层次	组合

图 4-36　《虹吸管静物》（1928 年）空间层次分析

主要层次的叠加构成了绘画的空间。此外，柯布西耶利用连续的自由曲线图形表现人体的器官；他试图用图形之间的重叠组合，表现出人体的空间体态。在这一时期，他更加注重绘画的非理性表达。绘画作品《手》（1951 年）可以拆分为两个主要的图形层次，第一个是线的层次，第二个是面的层次。《手》（1951 年）空间层次分析如图 4-37 所示。

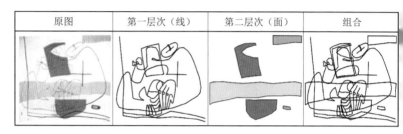

原图	第一层次（线）	第二层次（面）	组合

图 4-37 《手》（1951 年）空间层次分析

4.2.1.3 透明组合

柯布西耶通过图形之间的重叠、遮挡表现绘画中的空间，通过色彩与图形的变化表现图形之间透明的空间关系。在早期，这种透明性只被柯布西耶运用到透明的玻璃瓶与水杯中；但到了过渡时期与晚期，他试图将这种透明性运用到自然有机物当中。他通过拆分、重组、叠加、透明、拼贴等方式表现一种抽象绘画的图形组合关系。

1. 早期

在《新精神展馆与静物》（1924 年）中，柯布西耶利用玻璃容器透明的特性，将隐藏在容器后面的物体表现出来。他利用色彩与图形的变化，通过拆分、重组、叠加、透明、拼贴的方式表现透明容器后的物体的空间关系。《新精神展馆与静物》（1924 年）的透明性分析 1 如图 4-38所示。从抽象绘画的空间角度来看，柯布西耶利用物体的透明特性，让观察者产生一种空间的联想；这种设计手法会引导观察者构思、联想隐蔵在物体之后的下一个空间。《新精神展馆与静物》（1924 年）的透明性分析 2 与《新精神展馆与静物》（1924 年）的透明性分析 3 分别如图 4-39 和图 4-40 所示。这也就是《透明性》一书中所提出的现象透明性。

2. 过渡时期

在过渡时期，柯布西耶绘画的透明性与其早期绘画的透明性相同，他利用色彩的变化、图形的拆分组合表现有机物体之间的透明关系。在绘画《手风琴手与运动员》中，柯布西耶通过透明、拆分、拼贴、重组等手段，在

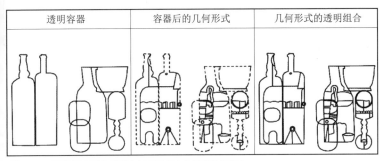

图 4-38　《新精神展馆与静物》（1924 年）的透明性分析 1

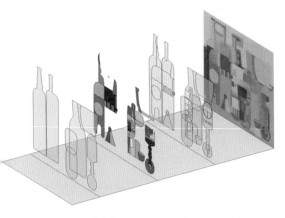

图 4-39　《新精神展馆与静物》（1924 年）的透明性分析 2

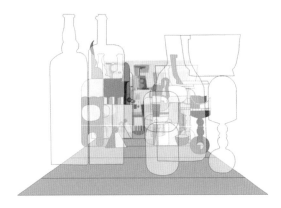

图 4-40　《新精神展馆与静物》（1924 年）的透明性分析 3

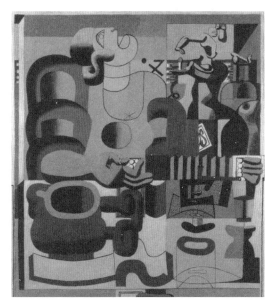

图 4-41 《手风琴手与运动员》

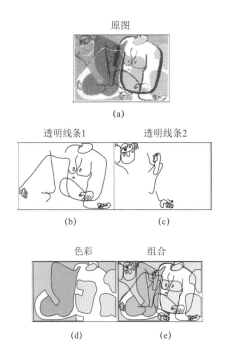

图 4-42 《两位女子背对背半身像》透明性分析

画面中塑造出丰富的空间变化。《手风琴手与运动员》如图 4-41 所示。

3. 晚期

在晚期，柯布西耶开始探索线与线、线与色彩之间的透明性；他用连续的自由线条描绘出人体器官的图形。这种由线构成的图形之间存在透明关系，此外，由线构成的图形与背景的色彩之间还存在透明关系。如在《两位女子背对背半身像》中，线条与色彩的叠加组合表现出两位女子的空间体态。《两位女子背对背半身像》透明性分析如图 4-42 所示。

4.2.2 建筑多空间组织

建筑空间的正交体系与抽象绘画的垂直水平构图、流动空间与绘画的图形叠加组合、空间渗透与绘画的透明组合之间存在联系。虽然一个是二维空间，一个是三维空间，但是柯布西耶使用的空间操作手法是相同的，这正是抽象绘画图形组合与建筑空间组织之间的联系。柯布西耶在建筑的空间设计中，不仅考虑到建筑的功能需求，还考虑人在建筑中的活动。他按照一定的空间组织原则将不同的空间排列、组合，形成建筑整体。

4.2.2.1 空间体系

1. 早期

在早期，柯布西耶的建筑是纯粹的几何形。建筑的内部空间划分以水平、竖直正交的分隔为主。"雪铁龙体系"与"多米诺体系"是他早期常用的空间结构体系；"雪铁龙体系"强调连续垂直空间，"多米诺体系"强调水平空间。水平与垂直构成了柯布西耶建筑空间的基本构成体系。在魏森霍夫住宅、加歇住宅、萨伏伊住宅中，整个建筑空间布局都严格遵循水平竖直的正交结构体系，柯布西耶在这个基本的空间构成体系中寻求空间变化。柯布西耶住宅的正交体系如图4-43所示。柯布西耶的抽象绘画也是垂直与水平的基本构图，因此，柯布西耶的抽象绘画与建筑空间组织均采用正交的组合体系，二者之间存在联系。

2. 过渡时期

在过渡时期，柯布西耶的建筑空间也遵循正交体系，但是，他引入了一些曲线，试图打破这种垂直、水平的限制。如在巴黎大学城瑞士馆首层平面图中，虽然出现了曲线与斜线，但是没有完全突破空间构成的正交体系；曲线与直线形成了鲜明的对比。巴黎大学城瑞士馆首层平面图如图4-44所示。在这一时期的抽象绘画中也开始出现自由图形，试图打破规则的正

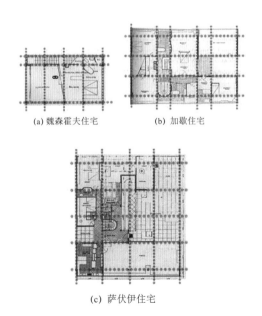

(a) 魏森霍夫住宅   (b) 加歇住宅

(c) 萨伏伊住宅

图 4-43 柯布西耶住宅的正交体系

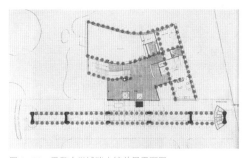

图 4-44　巴黎大学城瑞士馆首层平面图

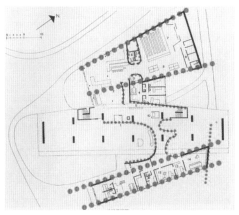

图 4-45　巴黎大学城巴西学生公寓首层平面图

交体系，与建筑空间体系同步；因此，二者之间存在联系。

3. 晚期

柯布西耶的建筑空间体系在晚期摆脱了正交体系的束缚，出现了自由形态的平面构图。如巴黎大学城巴西学生公寓，在平面中，出现了斜线与自由曲线，建筑的空间构成变得更加灵活、自由。巴黎大学城巴西学生公寓首层平面图如图4-45 所示。在这一时期，柯布西耶使用非理性的曲线与斜线完全打破了早期抽象绘画的垂直与水平的构图，与建筑空间体系同步；因此，二者之间存在联系。

4.2.2.2　空间的流动、渗透

柯林·罗和罗伯特·斯拉茨基撰写了《透明性》一书，书中阐述了关于空间透明性的观点。他们在书中提到的透明性有两种不同的解读：第一种是物理的透明性，也就是材料的透明性，这就形成了空间的渗透；第二种是现象的透明性，能够使身处空间的人感受两个或两个以上的空间。这种空间设计方法是将人的心理活动引入空间设计中，成为空间构成的一部分。

柯布西耶使用空间的叠加、渗透创造出连续的空间形态，这样可以减少建筑中静止、孤立的空间。空间的流动、渗透与抽象绘画中图形叠加组合、透明组合在操作手法上是相似的。

空间的流动构成有两种形式：一种是垂直方

向的流动空间，另外一种是水平方向的流动空间。垂直方向的流动空间是指建筑中不同高度方向上的连续空间组合，在这种空间组合中，柯布西耶加入弧形或是圆形的垂直交通要素，使空间更具有运动感与方向感。水平方向的流动空间是指同一平面上多空间的串联组合，在这种空间组合中，柯布西耶使用曲面墙，使空间的过渡更加自然，形成水平方向的流动空间。空间的渗透能将不同空间内的要素共享，如室内空间能够通过大片玻璃墙将室外空间的自然景观引入室内；空间的渗透还能唤起人的运动神经，使人联想下一个空间构成，这样人就会沿着柯布西耶设定的空间轨迹运动，体会空间构成的变化，这正是《透明性》中提出的现象透明。

1. 早期

在雪铁龙住宅中，柯布西耶强调垂直的空间流动与渗透。他将两层的空间进行垂直方向的叠加组合，形成一个"L"形的流动空间，使整个空间开敞、统一。作为垂直交通的旋转楼梯也使两层空间的过渡更加自然，赋予空间运动感、方向感（图4-46）。

柯布西耶在空间的限定要素上开洞口，使几个连续空间发生空间的渗透关系。他使用大片玻璃墙、玻璃窗使室外空间与室内空间形成视觉的渗透，将室外的景观、阳光等自然元素引入室内。在萨伏伊别墅空间构成中，他在建筑的二层平面添加了一个室外平

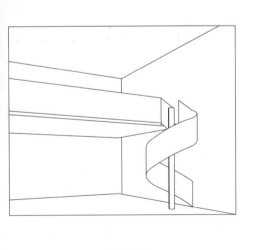
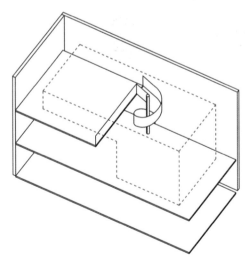

（a）轴测图　　　　　　　　　　　　　　　（b）人视图

图4-46　雪铁龙住宅的垂直连续空间分析图

台，他利用大片的透明玻璃墙将内、外的空间联系到一起（图 4-47），从他留下的设计草图中也可以清晰地看到这一设计手法（图 4-48）。在拉罗歇·让纳雷住宅中，他也使用透明的玻璃门窗将两个连续的空间联系到一起，形成空间渗透，进而让人看到下一个空间，并开始联想下一个空间构成，形成所谓的"现象透明"（图 4-49）。柯布西耶利用空间的层次性，设计一系列连续空间；在这些空间中，上一个空间可以从心理上引导人预测下一个空间的出现。

在这一时期，柯布西耶在抽象绘画中通过二维平面中的图形构图与叠加、透明组合关系表现绘画的空间。在抽象绘画中，每个层次的图形可以假设是建筑中的楼板，图形中的曲线就是建筑中的曲面隔墙，这样空间的组合中就形成水平的流动空间。将绘画中的图形按前后遮挡关系分为多个层次，如果将每个层次都假设成建筑的楼板，它们之间没有重叠的部分就形成了垂直的流动空间。他还利用空间构成要素上的洞口或是透明玻璃，使不同的空间联系在一起，形

（a）从内到外

（b）从外到内

图 4-47　萨伏伊别墅二层玻璃墙内外空间渗透

图 4-48　萨伏伊别墅空间构成草图

图 4-49　拉罗歇·让纳雷别墅内空间渗透

成空间的渗透。无论是空间的流动，还是空间的渗透，在抽象绘画中都能找到相对应
的图形组合——叠加组合、透明组合。因此，从设计手法上看，早期的抽象绘画的图
形组合与建筑空间组织具有联系。

2. 过渡时期

在过渡时期，柯布西耶的空间构成手法更加多样，建筑内部空间形态也较早期更
为丰富，在空间构成要素中出现了大量的自由曲面隔墙。1933 年，柯布西耶在巴黎设
计了 Molitor 门的出租公寓。这座公寓的首层为仆人设计，其他的每一层平面均不相同，
是根据居住者的意愿进行建造的。Molitor 门的出租公寓平面图如图 4-50 所示。在这
座建筑的内部，各种不同功能、形态的空间相互渗透、流动，形成了丰富的空间组合。

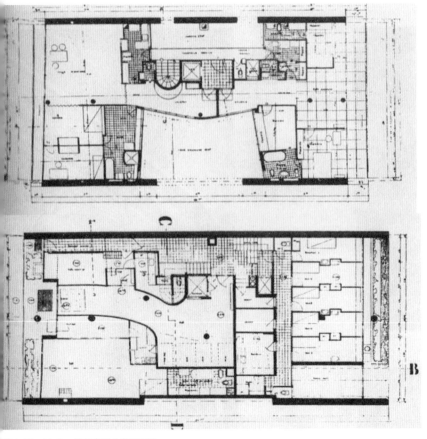

图 4-50　Molitor 门的出租公寓平面图

Molitor 门的出租公寓室内空间如图 4-51 所示。这一时期与早期相同，柯布西耶依然将抽象绘画中的图形叠加组合的操作手法运用到建筑空间构成中，在建筑中形成水平、垂直的流动空间；将抽象绘画中透明组合的操作手法运用到建筑空间构成中，在建筑中形成空间的渗透。因此，从设计手法上看，抽象绘画图形组合与建筑空间组织存在联系。

3. 晚期

柯布西耶在其晚期设计的建筑中引入有机的器官空间。器官空间的内部是集中的大空间，外部则由三维曲面壳体构成了流动空间。他在大型公共建筑中

（a）水平流动空间　　　　　　　　（b）垂直流动空间　　　　　　　　（c）空间的渗透

（d）空间的渗透

图 4-51　Molitor 门的出租公寓室内空间

使用通高的中庭，使多层空间联系起来，形成垂直方向的流动空间。此外，在建筑的屋顶花园、入口及建筑周边的环境设计中，柯布西耶利用自由曲线设计流动空间，如马赛公寓的屋顶设计。柯布西耶在空间的隔墙、屋顶上开取不规则的洞口，形成空间的渗透。这些洞口既可以将两个不同空间在视觉上联系起来，也能将室外的光线、景观、空气等自然要素引入室内空间。空间的渗透如图 4-52 所示。

在柯布西耶晚期的设计中，抽象画面由自由曲线与背景的色块两个层次构成；与之相对的，建筑的空间是矩形空间与有机的器官空间的组合。在有机的器官空间与正交空间组合的空间体系中，也存在流动空间，这与抽象绘画中自由流动的曲线在表现形式上是相似的。抽象绘画通过色彩的变化、线与线、线与面之间的透明关系表现绘画中图形之间的空间关系；在建筑空间的限定要素上开取不规则的洞口，使不同的空间之间相互渗透。显然，二者之间在设计手法上也是相似的。因此，柯布西耶晚期的抽象绘画的图形组合与建筑空间的组织在操作手法上，也存在一定的关联性。

（a）隔墙上的洞口（昌迪加尔大法院）

（b）顶部（拉姆雷特修道院）

图 4-52　空间的渗透

4.3 时间的引入——四维空间

在柯布西耶的抽象绘画中，他采用立体主义绘画表现方法——多视点同时表现物体，在抽象绘画中引入了时间的概念。他将物体不同视点下呈现出的图形，重新组合并同时表现在二维的画面中。在建筑的空间设计中，柯布西耶同样采用移动视点的方法，设计出一条空间场景不断变化的运动轨迹，这样使三维的建筑空间增加了"时间"的维度，变成四维空间。本节从时间的维度，比较分析抽象绘画与建筑空间构图，研究二者之间的关系。

4.3.1 抽象绘画的同时性

1. 早期

柯布西耶在抽象绘画中通过水平、垂直移动视点，将物体的侧面、底面、顶面表现在有限的二维画面中。他的抽象绘画更像是多个组合物体的轴测图。在柯布西耶的绘画作品《静物》（1920年）中，他分别把书、吉他、瓶子、盘子等物体的正面与侧面同时呈现在画面中（图4-53），使物体的形态更加立体、丰富。这种手法是电影中常用的手法，在拍摄电影时，摄影机在一定的时间内变换机位，并把不同机位下的物体形态全部呈现到画面中。柯布西耶通过这种手法将"时间"的概念引入抽象绘画的创作中，使绘画具有同时性。将抽象绘画各个视点的画面与建筑相比较，画面中正面视角表现物体的形态如同

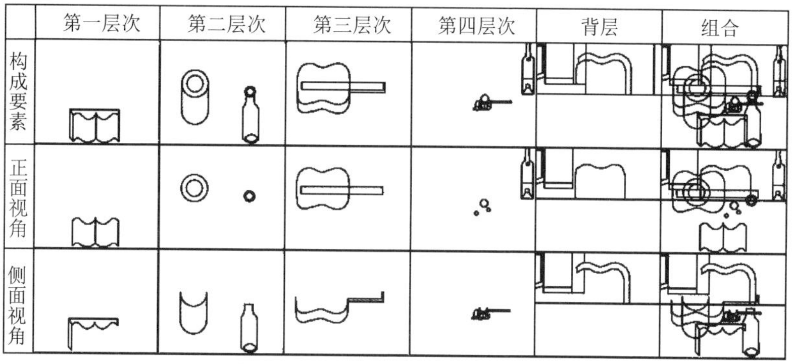

图4-53 《静物》（1920年）同时性分析

建筑的平面图，侧面如同建筑的立面图，把它们组合起来就如同建筑的轴测图。柯布西耶通过这种手段在抽象绘画中多角度地表现物体的空间造型。

2. 过渡时期

在早期，由于绘画表现的物体是纯粹的几何形状，因此视点的移动轨迹主要是水平方向与垂直方向的。在过渡时期，视点的移动轨迹不再严格地遵循垂直方向或水平方向。此时，柯布西耶绘画的主题是自然的有机物。他依然通过视点移动的方法，将物体其他视点下的形态呈现于画面中。因此，画面中形成了多种不规则图形的组合。在抽象绘画《组合——开胃菜桌与狗》中，柯布西耶通过视点的移动将多个视角下物体的图形表现在绘画中，然后将这些图形拆分、重组，这样就形成了难以辨识的抽象形象。《组合——开胃菜桌与狗》（1927—1938 年）如图 4-54 所示。

图 4-54 《组合——开胃菜桌与狗》（1927—1938 年）

3. 晚期

柯布西耶晚期的绘画主题是人体。此时，视点移动不再是早期的水平移动或垂直移动，而是各个方向的自由移动，我们也很难通过绘画发现视点移动的轨迹。他通过视点的自由移动，将不同视点下观察到的人体的体态重组到正投影的画面中。晚期绘画如图 4-55 所示，在图中，人体脸是侧面的，但是眼镜与胸却是正面的；脚本应是侧面的，但呈现在画面中的却是正面的。在画面中，柯布西耶用拼贴的手法，将不同视角下的形态重新组合。

图 4-55 晚期绘画

4.3.2 建筑空间构成中时间的引入

柯布西耶提出了建筑是居住的机器，从建筑的外面看，它是一个简单的立方体；相反，建筑的内部是一个复杂的机器。柯布西耶设计一条动线，使人在运动的过程中，在每一个不同的视点下都能观察到不同的空间场景，这条动线就是人的视点移动轨迹。柯布西耶将时间的概念引入建筑空间构成中，使空间在人的运动轨迹上形成丰富的变化。这种设计手法将一连串的空间场景呈现在人的脑海中，让人感受四维的空间体验。

4.3.2.1 唤起人的运动

柯布西耶在建筑中使用曲面墙体、坡道等空间构件，他希望通过这些构件能够唤起人的运动。在均质的多米诺空间体系中，使用曲面不仅能唤起人的运动，还能引导人的运动方向。通过采用坡道，可以将不同高度的空间联系起来，也能将人的运动速度减慢，给人留有充分的时间感受运动过程中的空间变化。柯布西耶的建筑空间构成以人的活动特点为基准，并将这一原则贯穿于整个建筑的空间构成。在地板上 1.6 m 左右的视点平面上，展开连续的空间变化。空间中的运动意味着将"时间"概念引入三维空间中，使其成为四维空间。

柯布西耶在空间中设置坡道、旋转楼梯、曲线墙面、透明玻璃墙、墙面上的洞口，由这些要素构成的空间能够唤起人体的运动，使人沿着柯布西耶设定的运动轨迹，进入下一个空间。这样，空间构成不再是某个固定时间点的空间场所，而是一段时间内空间的连续变化。

在拉罗歇·让纳雷住宅中，画室中弧形坡道的设置能够唤起人体的运动；除此之外，二层的直线走廊也能唤起人的运动。拉罗歇·让纳雷住宅引导人运动的空间构成要素如图 4–56 所示。在 1928 年设计的萨伏伊住宅中，柯布西耶利用旋转楼梯与坡道唤起人的运动。直线坡道也能唤起人的运动，他在坡道的运动轨迹上设计了一系列空间变化，使人可以沿着坡道漫步，感受空间构成的魅力。萨伏伊别墅引导人运动的空间构成要素如图 4–57 所示。

（a）弧形坡道

（b）走廊

图 4-56 拉罗歇·让纳雷住宅引导人运动的空间构成要素

（a）旋转楼梯

（b）坡道

图 4-57 萨伏伊别墅引导人运动的空间构成要素

4.3.2.2　空间的动线的设计

柯布西耶从建筑的入口到屋顶花园，设计了一条视觉不断变化的运动空间，这条运动轨迹就是空间的动线。从底层架空的入口，到开敞的门厅，沿着坡道到二层空间，最后到达屋顶花园。在这个过程中，人的视点在水平与垂直的方向移动。运动中的人观察到的每一个画面都是唯一的，将这些连续的画面组合叠加到二维画面中，就能构成一幅抽象绘画。

在人的移动时间内，不同的空间构成了人运动中的每一个视觉场景；这个连续的变化就是将"时间"或者"运动"引入建筑的空间构成中。这是一种人体切身体验空间的过程，人能感受不同空间带来的差异。这正如希格弗莱德·吉迪恩在《空间·时间·建筑》中论述的那样，人在移动的过程中，感知四维空间。柯布西耶建筑空间中的动线设计，可以分为垂直的动线设计与水平的动线设计。雪铁龙住宅空间布置相对紧凑，所以柯布西耶在其中主要采用垂直方向的动线设计。多米诺结构体系主要强调水平的空间动线，在其中采用舒缓的坡道作为垂直交通。萨伏伊别墅是典型的例子。

1. 早期

在库克住宅中，柯布西耶主要采用垂直动线的设计。库克住宅（1927 年）中的动线分析图如图 4-58 所示。库克住宅是纯粹的直方体建筑，这座建筑体现了他提出的新建筑设计五原则——顶层架空、自由平面、自由立面、横向长窗、屋顶花园。建筑的平面由 5 m×5 m 的基本单元空间构成，内部是自由的空间构成，外部是纯粹的立方体形态。

建筑中人的运动起点是南侧的小院，从这个起点开始一直到四层的屋顶花园，在其中运动的人能感受到丰富的空间构成。主入口处设置在底层架空处，入口由一小段弧形墙面构成。进入室内，与入口大门相对的是一个矩形窗洞，透过这个窗洞可以看到室外的植物。顺着楼梯可以到达二层，二层由三个卧室和一个大卫生间构成，在二层的空间构成中，柯布西耶采用了大量的曲面隔墙。他在小空间的设计中采用了曲面墙，例如将洗手盆放置在一个凹形的曲面空间

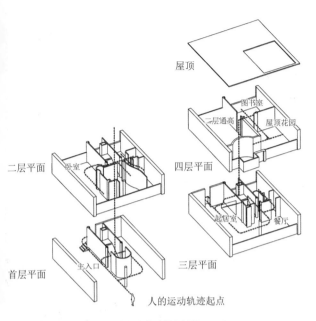

图 4-58　库克住宅（1927 年）中的动线分析图

内。沿着楼梯继续向上，可以到达三层，三层布置了起居室、餐厅和厨房，这层的空间构成与二层的空间构成完全不同。起居室设计成两层通高的大空间，人能通过一个直跑楼梯到达四层的图书室，图书室与室外的屋顶花园是相通的。库克住宅的室内空间构成如图 4-59 所示。

从人运动的起点一直到与图书室相连的屋顶花园，界面的色彩、光线的明暗、空间的开合及构成空间的各种要素都发生了变化。一连串的空间画面呈现在观察者的眼前，如同电影一般，形成了连续的影像。柯布西耶把抽象绘画中移动视点的手法运用到建筑的空间构成中，使人在运动的过程中感受空间的变化。

在这一时期的绘画与建筑中，柯布西耶均引入了时间的概念。在绘画中，他利用视点移动的方法表现几何静物，使绘画具有同时性。在建筑空间设计中，结合人的运动观察轨迹，将时间的概念引入建筑的空间构成中，使建筑空间在一条人的运动轨迹上发生连续的空间变化。柯布西耶把时间的概念引入绘画与建筑

（a）三居起居室的直跑楼梯

（b）三层起居室

（c）三层餐厅

（d）屋顶花园

图 4-59　库克住宅的室内空间构成

空间构成中，使三维的建筑空间构成变成了四维空间，让人在运动中感受空间的变化。总之，从时间维度上看，柯布西耶早期的抽象绘画与建筑空间构成具有一定的联系。

2. 过渡时期

与早期相比，过渡时期的建筑大多是公共建筑，因此，在运动的轨迹上，排列着一系列大空间。在巴黎大学城瑞士馆中，柯布西耶设计了一系列连续的空间变化。人在每一个不同的位置上都能感受完全不同的空间构成，从入口的底层架空空间，到开敞大厅，再到曲线楼梯，最后到屋顶花园，每一个空间都是柯布西耶精心设计的。巴黎大学城瑞士馆室内空间构成如图 4-60 所示。在这一时期，柯布西耶依然将时间的维度引入建筑空间构成中，使人在空间的运动中感受空间的变化。这种空间设计手法与同时期的抽象绘画引入时间的手法相同。因此，二者之间存在关联性。

（a）底层架空空间

（b）入口大厅

（c）曲线楼梯

图4-60　巴黎大学城瑞士馆室内空间构成

3. 晚期

柯布西耶在晚期依然将移动视点的方法运用到建筑空间设计中。此时，他的视点移动不再是水平的或垂直的。由于建筑室内的地面有可能是起伏的，所以视点的移动轨迹也是起伏的。空间随着视点的起伏发生着视觉上的变化。动线没有严格的运动轨迹。如在朗香教堂的设计中，教堂分为室内祭台与室外祭台，人可以沿着建筑的外部运动，也可以在建筑内部运动，运动的轨迹没有严格的规律。朗香教堂的动线如图4-61所示。他采用视点自由移动的方法，将"时间"维度引入朗香教堂的空间设计中。因此，人在每一个视点观察，教堂都会呈现出不同的建筑形态，一连串的空间形态变化能够给人留下深刻的印象。朗香教堂的室

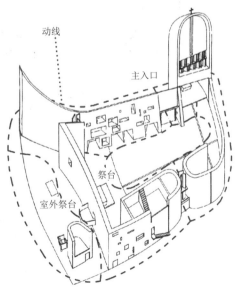

图4-61　朗香教堂的动线

内地面不是水平的，而是向主祭台的方向倾斜；建筑的外部地面也不是水平的，有起伏变化；围合空间的各个界面均是不规则的空间曲面。因此，人在运动的轨迹中，能够感受到变幻莫测的空间形态。朗香教堂的空间构成如图 4-62 所示。

柯布西耶晚期的抽象绘画中，视点移动比较自由，没有明确的视点移动轨迹。他将这种视点自由移动的方法运用在这一时期的建筑空间设计中。在朗香教堂空间设计中，他没有设定固定的运动轨迹，并且建筑的地面并不是水平的，人在运动中会发生视点起伏的变化。人在教堂内部、外部空间运动时，能够感受如同他抽象绘画中非理性的自由形态变化。因此，在这一时期，从时间维度上看，柯布西耶的抽象绘画与建筑空间构成之间存在联系。

（a）内部空间

（b）室外祭台

（c）内部空间——朝向祭台

（d）内部空间——朝向主入口

图 4-62　朗香教堂的空间构成

4.4　情感的引入——五维空间

柯布西耶在抽象绘画中，通过绘画技法表达他的情感，包括色彩与线条的笔触。在建筑中，材料的属性虽然不能改变空间的基本构成，但能从人的视觉、触觉、心理上影响人对空间的感受。柯布西耶从人的知觉器官入手，利用材料的色彩与质感唤起人的联想与记忆，进而影响人的心理活动。这就使四维空间又增加了一个新的空间维度——情感。本节从空间的第五维度——情感层面，分析柯布西耶抽象绘画与建筑空间构成的联系，主要研究他抽象绘画中的表现技法与建筑空间构成中材料的本质属性。

4.4.1　抽象绘画的情感表现

色彩能唤起人的情感，表达人的情绪，有时还会影响人的生理。从人的本能上讲，色彩能唤起人们最基本的联想，如大海、蓝天、白云、火焰等。人的记忆、联想或是视觉经验不同，心理感觉也不同。柯布西耶在抽象绘画中使用丰富的色彩，他使用的色彩都是用自然的矿物原料调和的，没有化工原料。从过渡时期到晚期，柯布西耶也利用抽象绘画中线条的粗细变化暗示画面的质感，并抒发其情感。

1.早期

柯布西耶在早期很少通过线条直接表现物体的形体；他通过面与面之间的色彩变化表现几何形体，色彩之间有清晰的边界。此时，他的绘画中采用的是饱和度较低的色彩；色彩之间的变化不大；画面中没有特别跳跃的色彩，整个画面显得比较平静、纯粹。在这一时期，他的抽象绘画中使用的颜色可以分为两类。一种是画面中表现物体几何形状的基本色彩，这类色彩一般是综合色，颜色的纯度比较低。另一种是使用一些暗色，他利用这些颜色表现物体透明叠加部分与物体的侧面。他在早期没有使用有视觉冲击力的鲜艳色彩，故在色彩的使用上比较保守。他希望通过绘画表现纯粹、理性的情感。《独立》与《新精神展馆的多样静物》是他早期的抽象绘画作品。这两幅作品与同时期的其他作品相比较，具有比较丰富的色彩。1931 年，瑞士一家壁纸公司邀请他推出色卡，这些色卡分为 12 个系列。

2. 过渡时期

在过渡时期，柯布西耶开始表现自然物体，这些自然物体被他称为"唤起诗意的物体"。此时，柯布西耶开始尝试将情感表现在抽象绘画主题中，如《采牡蛎的女渔夫》，他通过描绘女渔夫采牡蛎的劳动场景体现热爱自然生活的情感；在《恐怖的出现》（1940年）中，通过对人体恐惧状态的描绘表现人们在"二战"期间悲伤、恐惧的情感。在这一时期，柯布西耶的绘画表现技法变得更加粗野，开始尝试纯色。他用两种色彩的褪晕关系表现物体的体积感，如在《抱着猫的女士与茶壶》作品中，他利用彩色与黑色或白色的褪晕表现女人的肢体，画面中的颜色更贴近自然色。

3. 晚期

在晚期，柯布西耶使用粗细不一的线条表现人体形态，从画面中可以看到他粗犷的笔触。他试图用连续、自由、随性的线条与粗犷的笔触展示出绘画感性的一面。在色彩使用方面，他喜欢平涂大片鲜亮的色彩，如蓝色、褐色、深红色、土黄色等。他认为这些颜色能够唤起对自然的联想。如蓝色能够让人想到大海与天空，黄色能够让人联想到大地，红色能够让人联想到火焰。在这一时期，柯布西耶通过绘画的表现技法表达出粗野、浪漫、非理性的情感。《两位女子背对背半身像》（1923 年）如图 4-63 所示。

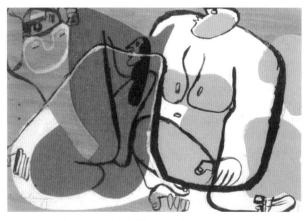

图 4-63 《两位女子背对背半身像》（1923 年）

4.4.2　建筑空间构成中情感的引入

在建筑空间构成中，柯布西耶引入了人的知觉。人的知觉可以分为视觉、触觉：空间构成要素的色彩传递给人视觉的感知，空间构成要素材料的质感传递给人触觉的感知。这两种知觉感受能够唤起人对空间的心理活动，即人的情感。因此，柯布西耶是通过材料的属性将人的情感引入空间构成中，为建筑空间构成增加情感的维度，使之成为五维空间。

1. 早期

在早期，柯布西耶的建筑均采用光滑的材料，他把材料的触觉感受降到了最低，因此，在早期的空间构成中，柯布西耶主要通过色彩影响人的知觉感受。他在建筑空间界面上使用不同的色彩，触发人的视觉器官，进而影响人的心理感受。在这一时期，柯布西耶的建筑外部造型就是一个平静、纯粹的白色立方体；而建筑内部空间构成界面使用色彩，他希望通过色彩改变人的视觉空间，并影响人的心理感受。建筑的外部形态是静态的，呈现为一种纯粹的几何形体；在建筑的内部，起初，柯布西耶不使用任何色彩，只表现一种纯粹的几何关系。他第一次在建筑的内部空间界面使用色彩是在1925年的拉罗歇·让纳雷住宅中。他希望通过不同的色彩改变室内空间的视觉距离，并使人在空间中发生心理上的变化，进而影响人的空间感受。在建筑中，他使用与同时期抽象绘画相同的色彩，如浅蓝色、浅黄色、粉色、红褐色。

图4-64是拉罗歇·让纳雷住宅中的色彩运用。柯布西耶在卧室中使用淡淡的粉色，既可以使房间变得更加明亮，同时也可以烘托出温暖的氛围。浅蓝色的过道墙面不仅能引导人运动，还能让人联想到辽阔的天空与大海；这样，狭窄的走廊不再给人心理上造成压迫感。在拉罗歇·让纳雷住宅的画室中，柯布西耶用红褐色将弧形的坡道突出，既给人以明确的运动方向，也能使人对艺术充满热情。

（a）走廊的浅蓝色墙面

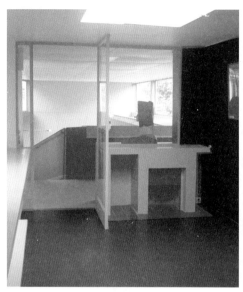

（b）深红色地面与褐色墙面

（c）卧室内粉色墙面

（d）红褐色坡道

图 4-64　拉罗歇·让纳雷住宅中的色彩运用

　　在 1927 年的库克住宅中，柯布西耶采用了丰富的色彩。可惜，现在的库克住宅已经被业主全部改造成了白色。从柯布西耶设计库克住宅的草图中可见当时起居室内部的色彩构成（图 4-65、图 4-66）。三层客厅北面的墙壁是蓝色，东侧的墙壁为茶色，台阶的扶手是浅黄色，四层的壁炉是黑色；这些色彩之间相互协调，如同一幅色彩构成的抽象绘画。在1925年的佩萨克住宅区设计中，柯布西耶使用了大量丰富的色彩，并用色彩区分不同的住宅（图4-67）。柯布西耶在建筑空间中使用的色彩与同时期抽象绘画中使用的色彩相同。

在早期，柯布西耶单纯地使用不同色彩表现抽象绘画中物体的几何形体。在建筑外部形态中，他通过平滑的、不加任何修饰的白色墙面表现建筑纯粹的几何造型，在建筑内部空间构成中使用与抽象绘画相同的色彩，并通过色彩唤起人的知觉器官，影响人的心理感受，进而触发人的情感。在这一时期，他在抽象绘画中的表现技法与建筑空间的构成中均利用色彩引入情感，为建筑空间增加了情感的维度。因此，二者之间存在联系。

2. 过渡时期

1930年，柯布西耶在南美洲智利设计的 Errazuris 先生住宅与法国的 Mandrot 女士的别墅中，开始使用自然的石材。他试图表现材料本身粗糙的质感，而不添加其他多余的装饰。在1933年的 Molitor 门的出租公寓中，他把画室中的

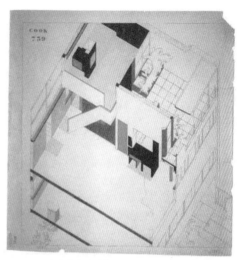

图 4-65　库克住宅设计草图

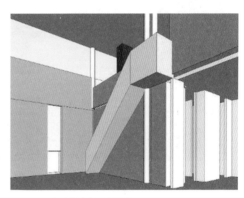

图 4-66　库克住宅起居室视图

图 4-67　佩萨克住宅区色彩的运用

图 4-68　Molitor 门的出租公寓中的画室

图 4-69　巴黎大学城瑞士馆的曲面墙

图 4-70　巴黎庇护城中的玻璃砖墙

一个墙面设计成粗糙的毛石墙（图 4-68）；同样，在巴黎大学城瑞士馆中，裙房中的曲面墙也使用毛石墙砌筑，巴黎大学城瑞士馆的曲面墙如图 4-69 所示。柯布西耶在巴黎庇护城中，还使用了玻璃砖墙（图 4-70），以及丰富的色彩（图 4-71）。在过渡时期，柯布西耶关注自然原生态材料，并开始注重材料粗糙的质感，他试图表达一种粗野、豪放的情感。

在这一时期，柯布西耶开始关注唤起诗意的自然物体，并创作了许多相关的抽象绘画。他开始用黑色的粗线条、色彩的褪晕变化等表现技法表达粗野的情感。在建筑空间构成中，他开始表现材料的自然属性，如石材的粗糙表面、木材的纹理。他希望通过物体的自然属性唤起人的知觉器官，进而让人感受到建筑空间粗野的性格。在这一时期，他希望在抽象绘画与建筑的空间构成中利用物体的自然属性引入情感，为建筑空间增加情感的维度。因此，二者之间存在联系。

3. 晚期

在晚期，柯布西耶开始使用粗糙的混凝土墙面表现建筑，混凝土的表面不加任何修饰，有时甚至留有模板的痕迹。在色彩使用上，他使用红色、黄色、蓝色、绿色等鲜亮的色彩。他 1960—1965 年在斐米尼设计的青年文化中心与居住单元中通过材料的质感与色彩表现了建筑粗野的情感。斐米尼青年文化中心与居住单元如图 4-72 所示。在这一时期，柯布西耶在抽象绘画里使用粗犷的笔触、自由的线条、鲜亮的色彩表达粗野、浪漫、非理性的情感；在建筑空间构成中，他利用空间界面的鲜亮色彩、混凝土的粗糙质感表达粗野、浪漫、非理性的情感。他的抽象绘画的表现技法与建筑空间的材料属性在情感表达层面上是相同的，因此，二者之间存在联系。

图 4-71 巴黎庇护城中色彩的运用

（a）青年文化中心

（b）居住单元室内

图 4-72 斐米尼青年文化中心与居住单元

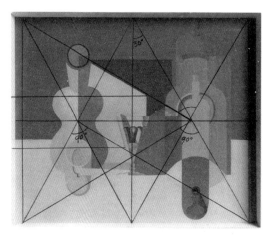

图4-73 《橙色瓶子》中的控制线

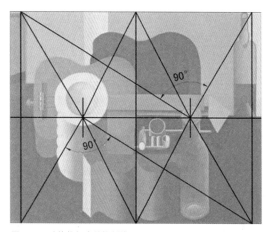

图4-74 《静物》中的控制线

4.5 形式秩序

纵观柯布西耶各个时期的建筑作品与绘画作品，我们会发现它们有一个共同点就是能给人美的感受。这种形式的美不受地域、文化、传统观念的束缚，它似乎存在一种永恒的、普遍的规律。本节从数学、几何学的秩序探寻柯布西耶艺术作品中形式美的规律，并找出其绘画作品与建筑作品在形式秩序方面的联系。

4.5.1 抽象绘画的形式规律

1.早期

柯布西耶在早期的抽象绘画中试图探索某种符合数学、几何规律的比例。他研究工业产品几何形体的比例，并将它们描绘在抽象绘画中。他在绘画中利用视觉正投影的方式表现工业产品的几何形体组合。纯粹的几何形体通过严格的比例控制完美地呈现在柯布西耶的绘画中。柯布西耶利用比例控制抽象绘画的构图，并使用直角的"控制线"控制绘画的图形位置（图4-73、图4-74）。柯布西耶没有放弃对完美比例的追求，他在绘画、雕塑、建筑等艺术形式中探索这种比例。

2.过渡时期

柯布西耶在过渡时期从自然物体入手，研究它们的形式美。他认为自然中的一些形式美是符合数学与几何规律的。柯布西耶通过绘画与雕塑的艺术形式探索自然中符合形式美学的比例（图4-75）。此时，柯布西耶抽象绘画的主题较为多样，有各种自然物体的组合，也有人和物体的组合。

3. 晚期

柯布西耶在晚期开始从人体中寻找完美的比例。1948年，他在"模度"的研究中取得了成果（图4-76、图4-77）。柯布西耶提出了两种完美的比例：一种是"红尺"，即黄金分割比例；另一种是"蓝尺"，即1:2的比例。在这一时期，我们很难直接从他的抽象绘画中找到严格比例的控制线，但是仔细研究会发现，其中依然包含某种数学秩序。这种对数学秩序的研究是柯布西耶一生的研究主题。画面中有机的自然体及人体的组合符合他提出的完美比例。他通过黄金螺旋曲线控制画面中图形的比例，如抽象绘画《公牛Ⅷ》中的比例。《公牛Ⅷ》中的比例控制如图4-78所示。

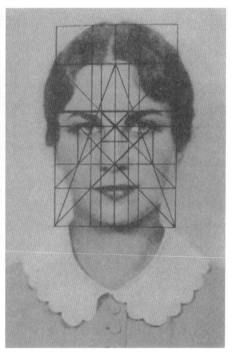

（a）

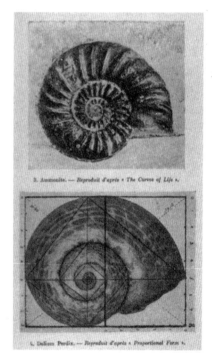

（b）

图4-75　自然中的形式美

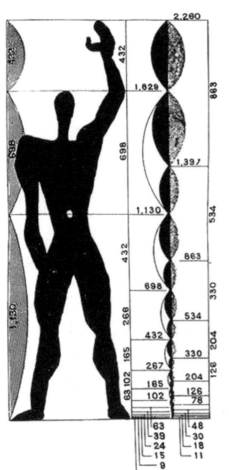

图 4-76 柯布西耶对人体比例的研究 1

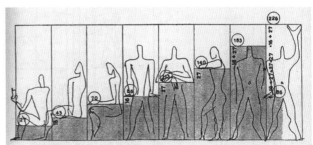

图 4-77 柯布西耶对人体比例的研究 2

图 4-78 《公牛Ⅷ》中的比例控制

4.5.2　建筑空间构成秩序

1. 早期

在早期，柯布西耶利用控制线控制建筑的平面与立面，进而控制建筑的空间秩序。加歇别墅立面控制线如图4-79所示。在萨伏伊别墅的空间中，通过分析发现，他采用了与早期抽象绘画中相同的直角控制线。萨伏伊别墅平面控制线如图4-80所示。他希望利用建筑构件的标准模数，实现建筑的标准化与工业化生产。他在建筑中采用5 m与2.5 m的组合柱网，并设定了空间组合的基本单元。柯布西耶这一时期的建筑大多是通过标准的空间单元组合而成。

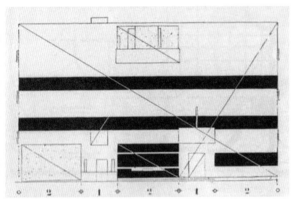

图4-79　加歇别墅立面控制线

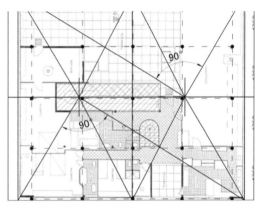

图4-80　萨伏伊别墅平面控制线

柯布西耶在建筑空间构成中采用与抽象绘画中相同的直角控制线：建筑平面单元空间采用与抽象绘画中几何图形相同的比例；在外部空间构成中，建筑立面同样采用与抽象绘画相同的比例控制线。因此，在形式秩序层面，抽象绘画与建筑空间构成之间存在联系。

2. 过渡时期与晚期

在过渡时期，柯布西耶设计巴黎大学城瑞士馆、双亲住宅时，也采用了严格的比例。在晚期，为了解决大量人口的居住问题，他开始以人的尺度研究居住单元（图4-81），并设计了马赛公寓。柯布西耶的一些建筑空间表现出非理性的自然形态，但是通过分析也会发现，其中存在着严格的比例控制，如朗香

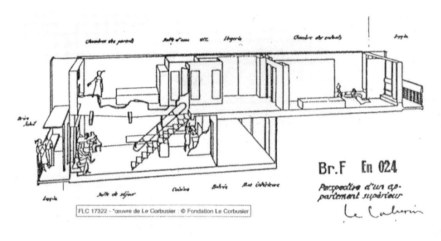

图 4-81　人居单元的研究草图

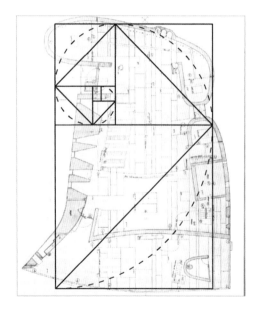

图 4-82　朗香教堂中存在的比例控制

教堂（图 4-82），它与柯布西耶抽象绘画《公牛Ⅷ》存在相同的比例控制。

在过渡时期，柯布西耶抽象绘画的主题由工业产品转变为自然物体，在晚期，柯布西耶抽象绘画的主题转变为人体。从过渡时期到晚期，他在抽象绘画中研究自然物体与人体的形式比例，并在"二战"后提出"模度"。他将抽象绘画中的形式秩序运用到建筑空间构成中。从过渡时期到晚期，柯布西耶使用相同的比例控制抽象绘画与建筑空间构成，因此二者具有相同的形式秩序，并且具有关联性。

第5章
扎哈·哈迪德与抽象绘画及其建筑作品分析

5.1 扎哈·哈迪德简介

扎哈·哈迪德（图 5-1）可谓当今世界西方主流建筑师的代表人物，自 1983 年在"香港之峰俱乐部"国际投标中拔得头筹，扎哈·哈迪德就成为现代建筑界最引人瞩目的明星建筑师之一。近年来，扎哈·哈迪德对于世界建筑的影响越来越大，多个世界顶级的建筑项目都在同时进行。

可以说，扎哈·哈迪德不光引领了世界建筑的潮流趋势，更重要的是她的作品正潜移默化地改变着人们对建筑的认知。但是，成功的背后必定包含着点点滴滴的积累过程，扎哈·哈迪德也不例外，所以本书将首先简要地回顾她的成长和发展历程。

5.1.1 扎哈·哈迪德的成长经历

扎哈·哈迪德于 1950 年出生于伊拉克的首都巴格达。父亲曾是伊拉克国家民主党领导人，在政治中，提倡社会民主思想；在生活中，主张民主、自由、开放的家庭思想。这些思想深深影响了童年的扎哈·哈迪德，使她从小形成了文化开放的意识。

图 5-1 扎哈·哈迪德

11岁时，扎哈·哈迪德第一次接触建筑，并且每年作一次欧洲旅行，参观了欧洲各式建筑和展览，扎哈·哈迪德因此对建筑产生了浓厚的兴趣。14岁时，她在英国读书，接受国际性教育。长期的英国生活，使得扎哈·哈迪德接触了不同的文化背景，并能很好地融入西方的文化环境。

令人意外的是，扎哈·哈迪德在选择大学专业时并没有选择建筑学，而是选择了数学。后来扎哈·哈迪德曾回忆，她在11岁时的理想就是做一名建筑师，但她选择了数学作为她的大学专业。她想做很多事情，不能用某一件事拴住她，所以她暂时选择了数学。1968—1971年，扎哈·哈迪德就读于黎巴嫩的美国大学，四年的数学专业学习，恰恰为她日后从事建筑行业打下了坚实的基础。"学了数学对我是有益的。首先，回首从前的学习经历，对于已经工作过的学生来说是有益的。因为它更像个研究生的院校，所以它并不适合那些刚刚毕业的学生。数学逻辑确实组织了我的思维，并不是体现在具体的学习方法上，而是体现在各种兴趣的选择上。"扎哈·哈迪德这样评价她的数学学习成果。的确，数学研究不仅锻炼了扎哈·哈迪德的抽象思维能力，还对她后来选择数字化建筑或者说数码建筑影响颇大。

5.1.2　在AA学建筑

扎哈·哈迪德建筑生涯的开始，应该从她在建筑联盟学院（Architectural Association School of Architecture，简称AA）说起。1972—1977年，扎哈·哈迪德在这所英国最古老的建筑学院学习，实现了她儿时的梦想，并从此开始迈向辉煌。

作为一所私立院校，AA以其前卫的建筑思想，极高的世界建筑大师产出率而闻名于世。许多大师都曾在AA学习或工作，如雷姆·库哈斯、理查德·罗杰斯等，他们都是西方建筑史上里程碑式的人物，因此，AA也被认为是与公立包豪斯学校齐名甚至是超过后者的世界顶级建筑学府。

1972年，扎哈·哈迪德进入AA之时，正逢建筑课程的实验性改革阶段，在阿尔文·博雅尔斯基的带领下，改革后的AA进入了长期、稳定的鼎盛时期。

5.1.3　扎哈·哈迪德与阿尔文·博雅尔斯基

阿尔文·博雅尔斯基是一位杰出的建筑教育者，在他的领导下，AA成为一个世界建筑实验和建筑争鸣的论坛。自阿尔文·博雅尔斯基 1971 年担任 AA 第一任主席之后，扎哈·哈迪德可谓是第一批接受课程改革的学生。因此，扎哈·哈迪德必然受到阿尔文·博雅尔斯基极其巨大的影响。

阿尔文·博雅尔斯基对于建筑创作的超前意识是教学改革的主要内容。扎哈·哈迪德说："博雅尔斯基鼓励进步的思想和先锋意识，因为他不认为你今天的设计必须明天来建造。其思想在于你可以在 10 年里建造起来。他确实为未来而建造。5 年前他想到的东西没有人可以理解，而几年后人们理解了他想那样做的原因。所以，那不是立等可取的事情。"回顾扎哈·哈迪德的创作历程会发现，阿尔文·博雅尔斯基所指的建筑为未来而建造的思想，确实对扎哈·哈迪德造成深刻的影响。她在职业生涯的初期，曾一度被称为"纸上建筑师"，大约在 20 世纪 80 年代，她和她的事务所在很长一段时间内完全没有可实施的项目，一切设计都停留在图纸上，都是实验性的研究。当时，人们将她的设计看成完全的"臆想"，完全不具备任何可实施性。但是，在近 10 年的等待后，当她的第一幅作品从图纸变为现实，整个建筑领域都为她所震撼。扎哈·哈迪德当之无愧地被称为"未来派建筑师"。

此外，在 AA 的学习，也使扎哈·哈迪德接触了俄罗斯 20 世纪初期所进行的各种前卫艺术运动，并受到颇深的影响，尤其是马列维奇和他所创立的"至上主义"。

5.2 抽象绘画对扎哈·哈迪德的影响

20 世纪初，俄国兴起了一场革命性的前卫艺术与文化运动，这场运动伴随着社会主义革命的成功而一举成为革命性文化与艺术形式的主流，也伴随《现实主义宣言》的出现而进入尾声。

十月革命一声炮响，向世界宣告了以马克思主义为指导的第一个社会主义国家的诞生。同样，俄国前卫艺术运动也向全世界贡献出自己不可估量的艺术革新力量，尤其是对扎哈·哈迪德的研究，使我们不得不重新认识和审视俄国前卫艺术运动的内涵。另外，即便对于现今的世界艺术，其仍然具有非常重大的启示。

5.2.1 俄国前卫艺术运动

俄国前卫艺术运动发生于1910—1930年这段时间，从发展的历程上看，大致可以分为三个时期。第一个时期是1910—1917年的酝酿期，第二个时期是1917—1920年的高峰期，第三个时期是1920—1930年的结果期。

第一个时期是1910—1917年的酝酿期，这一时期的一个主要特征是学习西方态度的同时关心传统文化。这一时期，俄国社会非常动荡，强调感觉上的现实和超现实相结合的象征主义成为艺术的主流。1913年，马列维奇的作品《白底上的黑色方块》问世，标志着马列维奇向"至上主义"的迈进，也标志着俄国前卫艺术运动的开始。与此同时，塔特林也完成了作品《角落的装置》，他用身边的现实材料进行了二次元的组成，这是一件"构成主义"的划时代作品。《角落的装置》如图5-2所示。以马列维奇为主导的"至上主义"和以塔特林为主导的"构成主义"构成了"艺术"与"革命"这两个苏俄前卫艺术的不同方向，并由他们的追随者形成、最终完善为两个相互影响的造型系统。

第二个时期是1917—1920年的高峰期，之前非主流的前卫艺术随着1917年十月革命的胜利而登上了主流艺术的舞台。从欧洲归来的卢那察尔斯基承担了新的文化行政管理工作，他重视自由言论并任用前卫艺术家承担机关管理工作。伴随着革

图 5-2　角落的装置

命的胜利，前卫艺术家将自己的主张与艺术及革命紧密地
联系在一起。马列维奇认为自己的抽象艺术如"立体＝未
来主义"是一种革命性的形态。而塔特林则强调材料和形
体之间的构成关系，认为艺术必须为社会服务，同时构成
主义的理论也得到了承认。1920 年之后，"现实主义宣言"
预示着构成主义主流性的下降，而马列维奇《白底上的白
色方块》的问世也使至上主义运动告一段落。《白底上的白
色方块》如图 5-3 所示。

图 5-3　白底上的白色方块

　　第三个时期是 1920—1930 年，这一时期苏联的经济
得到较大的发展，前卫艺术理念有了很大的发展，艺术的
表现形式也发生了巨大的变化。这一时期是构成主义艺术
和构成主义建筑发展的高潮时期，出现了很多构成主义风
格的建筑作品，也出现了诸如梅尔尼可夫、维斯宁兄弟、
列奥尼多夫这样前卫的建筑师。建筑作为时代艺术和文化
的最高表现形式，成为革命艺术表现对象的最终体现。

　　1910—1920 年的 10 年，可谓俄国前卫艺术运动蓬
勃发展的 10 年，也是社会动荡、思想转变激烈的 10 年，
这一时期的前卫艺术家人数虽然不多，但成果卓著。

5.2.2　至上主义对扎哈·哈迪德的影响

　　在 AA 学习期间，扎哈·哈迪德曾对马列维奇"至上
主义"进行过深入的研究。她曾完成《马列维奇的结构》，
这是扎哈·哈迪德对马列维奇的至上主义构造形式的理解。
"平面层次上的空间和地形变化以及无明显特征的色彩运
用都与俄国的至上主义和构成主义某些作品在作品风格与
形式上有奇妙的形式上的联系。"扎哈·哈迪德曾经这样
描述道。可见，这项研究也对她的整个建筑职业生涯产生
了不可磨灭的影响。《马列维奇的结构》如图 5-4 所示。

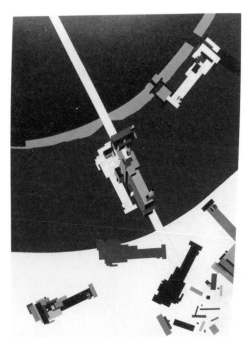

图 5-4　马列维奇的结构

5.2.2.1 马列维奇的至上主义

至上主义是马列维奇在 1915 年提出的关于绘画理论的思想。马列维奇的代表作《白底上的黑色方块》是 1913 年他为未来派戏剧《走向太阳的胜利》的舞台设计所作的相关素描作品。不过，马列维奇在对其绘画思想进行凝练的过程中，开始产生一些与当时的素描思想相违逆的想法。

在 1915 年的"0.10"展览会上，马列维奇将他的《白底上的黑色方块》命名为《方形》而展出，这幅作品产生了深远的影响。但当时的年轻一代对至上主义的理解却有着很大的局限性，因为当时对至上主义思想并没有明确的定义，所以对它的理解夹杂着一点神秘。

马列维奇在以《白底上的黑色方块》结束对形式的纯粹追求之后，便不拘于色彩，以展开对非对象绘画的关注作为自己的新起点，1918 年左右，他以一个缺角的"黄色的正方形"开始，进而通达"白底上的白色方块"的世界。马列维奇通过《白底上的白色方块》这幅作品，否认对肉体和物质性观念的表述，强调"一切均没有存在的必要""存在只存在于观念的世界"。

5.2.2.2 感性与逻辑

至上主义对扎哈·哈迪德的影响极大，对于一种绘画形式，大多数人首先想到的是它的形式语言、色彩体系的影响，但至上主义对于扎哈·哈迪德的影响，首先是思维体系的改变——感性、逻辑。

关于至上主义产生的标志——《白底上的黑色方块》，马列维奇认为，画中所呈现的并非是一个空洞的方形。毫无意义的黑色方块背后，恰恰是它的充实之处，它孕育着丰富的意义，那就是马列维奇对非客观情感的表达：黑色方块——感情，白色背景——超越感情的空间。

简而言之，马列维奇认为，客观世界的视觉现象本身是无意义的，重要的是感情，是与唤起这种感情的环境无关的感情本身。长久以来，写实主义绘画将客观现象作为创作的基础，这导致了艺术的表达形式与纯粹的造型背道而驰。而马列维奇所做的，就是"把绘画从一切多余的、繁杂的、完全不相干的杂质中解放出来，寻找一种最朴素的元素，进行完全以造型出发的情感表达"。在《白底上的黑色方块》中，这一元素就是黑色方块。

建筑师罕·马戈麦多在评价至上主义时认为，至上主义强调与人的视觉、知觉相联系的感知逻辑。在形式上表现为不同色彩的点、线、面、体的相互拼合。通过对形和色的几何化的探索，创造新的形式体系，进而形成新的艺术风格。纯粹的几何形，单纯的黑白色构图，这是马列维奇对"纯粹情感"和"单纯化极限"追求的表现。从而也体现了马列维奇的思想，对"感性"和"逻辑"的极致推崇。

正因如此，扎哈·哈迪德的创作思维中产生了同样以感性为主的思想："因为我不是欧洲人，所以我的思维体系、我的秩序体系与他们不同。解构主义和结构主义者的理论是依据所谓理性主义者的理论，我不属于他们的传统。我的传统是感性的、本能的。"

扎哈·哈迪德深刻地认识到马列维奇对感性和情感表达的真谛。我们可以感受到扎哈·哈迪德创作的作品中总是带有一种感性，并带有一定感知的逻辑。就好像抽象绘画一样，作为观众，只有在视觉审美上与画家取得一致，才能理解画家所要体现的情感逻辑，才能理解画面所要表达的情感。这种逻辑无法通过理性的分析而得到，但它却是真实存在的，我们可以通过视觉的印象和心灵的体验而感知（图 5-5、图 5-6）。同样，对于建筑作品，尤其是扎哈·哈迪德的建筑创作，只有接受她以感性和感知逻辑为基础的构思与表达，才能理解她

图 5-5　动态至上主义

图 5-6　蓝三角和黑方块

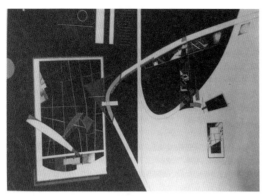

图 5-7　扎哈·哈迪德抽象绘画《卡迪夫·贝歌剧院》1

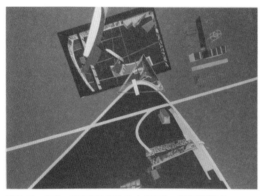

图 5-8　扎哈·哈迪德抽象绘画《卡迪夫·贝歌剧院》2

的设计作品的内容，才能明白她想要表达的内涵和实质（图 5-7、图 5-8）。

5.2.2.3　飘浮与反重力

自 1913 年有关黑色方块的作品完成后，马列维奇在他的作品中，越来越多地表现出对克服地心引力和征服宇宙的渴望。如 1913 年创作的《航行中的飞机》（图 5-9），自由奔放的画面，以飞行为主题，发散性的构图使得画面整体呈现一种旋转的运动感，仿佛这些平面几何形体的背后蕴含的是强大的离心力。这是马列维奇追求飘浮、反重力的开始。

马列维奇在《致马秋申书》中曾说："我的新绘画完全不属于地球，地球像个被蛀坏的房子一样已经被遗弃了。确实，在人的身上，在人的意识中，有一种对空间的渴望，一种脱离地球的向往。"并且，马列维奇尝试将这种飘浮、反重力的思想引入建筑领域。1917 年，马列维奇发表《白色宣言》，至

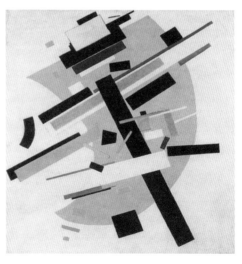

图 5-9　航行中的飞机

上主义开始了在建筑领域的实践。随后，马列维奇带领众多前卫艺术家，组成团体"UNOVIS"，进行反重力的、飘浮的建筑形式的探寻——"我们需要一个工作室，我们可以在里面制作新的建筑。在那里，我们的画家必须做那些建筑所无能为力的事情……我们需要规划、起草、设计和实验"。

至上主义由《白底上的黑色方块》拉开序幕，到《白底上的白色方块》，至上主义达到了绝对的高潮，同时也标志了至上主义高潮的终结。在白色与白色构成的画面中，马列维奇彻底抛弃了色彩的要素。白色的方块在白色图底上几乎难以分辨，仿佛飘浮在一片缥缈的白色光的世界中。或许，这是至上主义最终的境界——忽视了一切客观存在的意义。

飘浮、无重力是至上主义最终境界的体现，在扎哈·哈迪德的思想上也有同样的体现，并常常成为她建筑创作的主题。如1983年"香港之峰俱乐部"竞赛方案；1998年，辛辛那提罗森塔尔当代艺术中心设计；1999年，奥地利因斯布鲁克的伯吉瑟尔山上的滑雪跳台设计。通过这几个项目的设计概念图，我们能清晰地感受到扎哈·哈迪德建筑创作中对飘浮、无重力思想的继承和体现。

在提到当年香港之峰俱乐部那个项目时，扎哈·哈迪德同样亲笔写道："那是一种'至上主义'式（马列维奇）的地质学：物质被一层层地叠加起来——这就是山顶俱乐部的特点，我们要在香港这个拥挤城市上方的宝地建造这样的旅游胜地。建筑切割了传统的原则，重建了新的原则，建筑挑战自然同时还拒绝去破坏自然。就像这里的山体一样，这群建筑也被分解成为有着各种功能的片层……"香港之峰俱乐部设计图如图5-10所示。

扎哈·哈迪德在 *EL Croquis 103* 杂志上的专访就叫《作为一种平面的地景》。在这里，扎哈·哈迪德甚至提到了地质学，提到了香港城市从混乱到竖向、横向线条的时空变化，最终，她同样在山体身上，看到了向一侧涌去的地层的力量。这样，扎哈·哈迪德为她的"飞来峰"找到了自然界里的注解。

其中不难发现，画面给人的感觉和马列维奇《航行中的飞机》有着异曲同工之妙。

如图5-11辛辛那提罗森塔尔艺术中心设计图所示，轻盈的建筑体块，流畅洒脱的笔触，整个建筑仿佛飘浮于城市之上，强烈的升腾感显示出建筑摆脱地心引力的舒服、自由、畅快的形态。正如图5-12利西茨基《Prouns-5a》所表现的一样，特

图 5-10 香港之峰俱乐部设计图

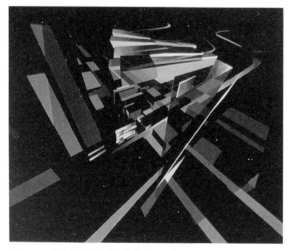

图 5-11 辛辛那提罗森塔尔艺术中心设计图

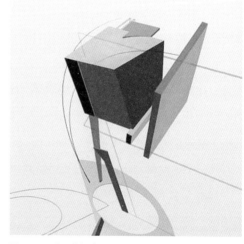

图 5-12 利西茨基《Prouns-5a》（1922 年）

意偏离中心构图，挑战引力原则。形体上大下小，创造飘浮的反引力感。

　　位于奥地利因斯布鲁克的伯吉瑟尔山上的滑雪跳台包含了滑雪坡道、健身设施、公共区域，还有塔顶的咖啡厅和观景台。如图5-13、图5-14分别为伯吉瑟尔山上的滑雪跳台1和伯吉瑟尔山上的滑雪跳台2。可以看到，与众不同的建造形式（半塔／半桥）及坡道从地面轮廓线延展滑向天空。相对庞大的主体建筑空间被提升到50米左右的高空，而下方的支撑结构的体量却相应地缩小，这完全是"Prouns"系列反引力创作的手法。更令人惊奇的是，利西茨基在"Prouns"基础上进行的建筑创作《水平的摩天大楼》（图5-15）、《列宁的讲台》（图5-16）与扎哈·哈迪德的作品极其相似，简直可以称为伯吉瑟尔滑雪跳台的初期概念表现。

图5-13　伯吉瑟尔山上的滑雪跳台1

图 5-15 水平的摩天大楼

图 5-14 伯吉瑟尔山上的滑雪跳台 2

图 5-16 列宁的讲台

不可否认，在这些形式的背后所体现的是扎哈·哈迪德从至上主义中学到的精神——对自由的渴望，对情感的表达。正如扎哈·哈迪德自己所说："'至上主义者'的作品，无疑对我近几年的创作有很大影响，甚至包括我的初期作品。从这些图形中，我学会了如何摆脱地心引力，不是在术语的狭义上，而是在建筑设计的理念上，超越那些已经定型的范例和现有的规则。"

5.2.2.4 建筑平面、建筑空间的意识革新

"随意性的思想、破碎的平面的思想确实是很有意义的。所有这些思想旨在对空间问题的探索——人们如何使用空间，如何创造空间。最后得出的重心在于特殊空间的挖掘。这些确实是从马列维奇至上主义中学到的。"

——扎哈·哈迪德

扎哈·哈迪德自己对至上主义的评价，使我们意识到，至上主义作为一种绘画艺术的思想，对于建筑师的影响绝不仅仅局限于上述两个方面，感性、逻辑、飘浮、反重力，这些更像是对建筑造型和设计理念的影响。但其实，至上主义给予建筑师的更为重要的东西，是建筑师对建筑的根源——建筑平面与建筑空间的思考。

马列维奇在至上主义宣言中说道："每个时代都需要与之相适应的新模式。我们应创造与所处时代相符合的新形式，一种脱离了曾经的文化形式的新形式。至上主义已经不再单单用于追求表现性的绘画艺术，它的思想和理念将被应用到建筑设计之中，希望有革命意识的建筑师们都能参与其中。"

从中，马列维奇提出了"平面"的概念。并且，自始至终，马列维奇都不把至上主义简单地认为是一种绘画艺术流派，而是全世界艺术风格发展的指导思想。理所当然，建筑艺术同样是马列维奇非常重视的一个领域，他希望至上主义能够在建筑领域引领一场空前的革命。所以，马列维奇大力呼吁建筑师能够投身到这场建筑艺术的革命中。

扎哈·哈迪德应该算是义无反顾投身"革命"的一员，她紧紧地抓住了马列维奇所说的革新方向——"平面"，在经历了20多年的执着追求后，终于成功地将这种思想结合到自己的建筑设计中，取得了极大的成就。"我将马列维奇至上主义的理念，成功地引入建筑设计领域，并将其应用到平面功能的布置中。现代

建筑往往具有新奇的外表，但平面却毫无新意。我从至上主义中学到的最重要的理念是让我们重新思考如何组织建筑的平面，如何确定分割平面的功能型，如何让身处其中的使用者进行活动。并且，这种对平面的思考应该涉及建筑中的每一个层，而并不单单是首层平面。"

的确，对于建筑师而言，特定的功能性和使用性是必要的，而平面则是这些实际功能最原始的体现。然而，事实却是，现代主义之后，越来越多的建筑师把更多的关注放在建筑造型上而渐渐忽略了平面的重要性。至上主义概念的重新提出为扎哈·哈迪德所关注，她重新认识了平面的意义，并结合自身实践，创造新平面、新空间、新建筑和新生活。

扎哈·哈迪德创造的建筑平面是复杂的，她赋予了平面以立体的概念，我们称之为"立体平面"。简而言之，在扎哈·哈迪德的建筑中，我们无法简单地通过某一层的平面理解建筑的空间，扎哈·哈迪德更注重平面间的组合、层叠，只有将平面统一起来看，那才是扎哈·哈迪德所创造的"平面"。因为这个"平面"的本质是空间立体的表达。

5.2.3 构成主义对扎哈·哈迪德的影响

至上主义和构成主义的关系是非常密切的，对立统一而又相辅相成。构成主义代表人物之一利西茨基曾被马列维奇称为"真正理解至上主义的第一人"。由此我们可以看出，至上主义与构成主义背后有千丝万缕的联系。扎哈·哈迪德接触俄国前卫艺术运动之时，正是至上主义和构成主义大力发展之时，那一时期的艺术思潮对扎哈·哈迪德产生了深远的影响。所以，在研究扎哈·哈迪德的思想和理念变化过程中，至上主义和构成主义都是非常重要的影响因素，缺一不可。

构成主义又名结构主义，发展于20世纪初。最初的构成主义主要应用于雕塑，是指由一块块金属、玻璃、木块、纸板或塑料结构组合成的雕塑。强调的是空间中的动态（movement），而不是传统雕塑着重的体积感、体量感。构成主义接受立体派表现技法的同时，也吸收了至上主义的几何抽象理念。

可能正因为如此，构成主义从一开始，就是一个复杂的艺术思想体系。一般情况下，我们将其分为两个流派。一面是以塔特林为代表，主张艺术走实用道路，

为政治服务。而另一面，以利西茨基等为代表，强调艺术
的独立自由，追求纯粹的艺术形式。

5.2.3.1　塔特林、利西茨基的构成主义

构成主义诞生的标志——《第三国际纪念塔》是塔特
林于 1919 年创作的作品，并在第二年召开的第八次苏联
人代会的展览上展出。该纪念塔高度为 1300 英尺（1 英
尺 =30.48 厘米），外部造型为上升的螺旋状，内部结构沿
主轴向下倾斜，给人以强有力的印象。纪念塔复杂的空间
可以简化为三种单纯的几何形式——圆柱形、圆锥形和立
方体，并且各自按照不同的速度不同的时间间隔旋转。作
为会场内部的圆柱形部分每年自转一周，作为日常办公的
圆锥形部分每月旋转一次，作为信息中心的立方体部分每
天旋转一次。这座巨大的纪念塔象征着机械时代的到来。
构成纪念塔的金属和玻璃其本身有着明确的意义，其中"坚
硬的铁象征着坚强的意志""透明的玻璃象征着意识的明
晰"。在设计这个作品期间，塔特林的思想比较倾向于艺
术应与现实社会结合的理想，强调对于现实社会的参与，
他本人认为该纪念塔本身是一个"为了实用性的目的而
与纯粹艺术形式进行统合的结果"。《第三国际纪念塔》如
图 5-17 所示。

图 5-17　第三国际纪念塔

同时，利西茨基所宣扬的是"艺术形式的纯粹性"，
在一定程度上说，这一派系继承了马列维奇的艺术思想，
认为艺术是独立的个体，无关于政治，无关于任何外界
因素，艺术是创造者意志的自由表达。他们提倡自由
的空间、结构的表达，以及反对装饰，提倡动力的表现
（图 5-18、图 5-19）。

图 5-18　利西茨基的《红色楔形》

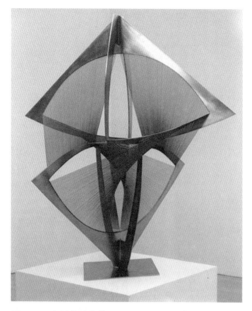

图 5-19　加波的雕塑作品

这两种流派曾分别发表重大的艺术宣言——《现实主义宣言》和《生产主义宣言》。《现实主义宣言》是由艺术家加波和佩夫斯纳所写，其思想主要是利西茨基所代表的一派。同年，罗德琴科发表了《生产主义宣言》，这标志了构成主义内部的分裂。《生产主义宣言》所代表的是塔特林和罗德琴科对构成主义的认识，他们公开地、坚决地批判了《现实主义宣言》，反对构成主义走上纯粹艺术的道路，认为艺术是不合时代的东西，是资本主义的象征。

尽管构成主义的两个思想流派在对构成主义的根本认识上产生了分歧，但它们各自对构成主义的定义从不同角度给了扎哈·哈迪德重要的启示，对扎哈·哈迪德的建筑思想具有很大的意义。

5.2.3.2　重空间、重结构、反装饰、追求动态

"我们反对，通过边界的封闭来限定空间。我们坚信，空间的塑造必然是由内而外的，不可倒置。

"我们反对，通过装饰色彩来反映三维空间。我们坚信，三维空间要使用具有形体的材料来塑造。

"我们反对，通过装饰线脚来丰富形体。我们坚信，每条线都应该是被塑造对象由内而外自然产生的线。

"我们再也不能满足于造型艺术静态的表现方式，时间应该作为重要的造型元素被应用于造型艺术。我们坚信，造型艺术必将是充满运动的。"

——《现实主义宣言》

以上是《现实主义宣言》对于构成主义基本原理的阐述。它指出，空间的塑造是自内向外的，而不是由外及内的。简而言之，对于空间的塑造不应是在一个封闭的实体中挖掘，这样的话，所谓的实体就成了造型的表现，而不是我们需要的空间。相反，我们应该从功能平面入手，在创造空间的基础上，形成需要的空间实体，这样的实体应该是一种立体的结构。这也从根本上告诉我们一个设计的思路——空间是一切的根本，不论绘画还是建筑，它所表现出来的外在形式和结构，都是由所要表现的空间决定的。

可以看出，注重空间、注重结构，这正是《现实主义宣言》所传达的最重要的思想，也是利西茨基所追求的构成主义最基本的特征。此外，反对装饰，追求动感，也是其重点提倡的理念。宣言中明确反对装饰色彩、装饰线条的应用，追求还原事物本身的特征和形式，在还原现实事物真实性的同时，进行纯艺术的表达。关于动感，宣言中提出突破简单的三维，将时间的维度融入其中，使艺术造型富有动感。因此，追随于此的勇于实践的艺术实践者们，被冠以"动态艺术雕塑家"的称号，也对扎哈·哈迪德后来的动态构成造成一定的影响。由此我们也可以理解"现实"二字的深刻意义，重空间、重结构、反装饰、追求动感，这些无一不是对以事物本质为基础的、追求纯粹艺术表达的思想的体现，也正是构成主义的"现实"意义所在。

重空间、重结构、反装饰、追求动感，这是《现实主义宣言》对扎哈·哈迪德建筑思想最直接的影响，并且这种影响反映在扎哈·哈迪德的设计中，更多的是建筑单体的形式表达方面。其实在扎哈·哈迪德之前，现代主义建筑师们已经将构成主义的这种思想引入建筑领域，对空间和结构的创造也曾达到高峰。但后

图 5-20　维特拉消防站 1

图 5-21　维特拉消防站 2

来，文丘里通过《建筑的矛盾性和复杂性》一书，对现代主义思想进行批判，并提出与之相对的后现代主义思想，或者叫反现代主义思想。此后，后现代主义的盛行，使得重空间、重结构、反装饰的思想逐渐被忽视。

扎哈·哈迪德可以说是在充满迷雾的建筑思想环境中，极其准确地认识到构成主义艺术思想的本质，并坚定地将其应用到实践之中。维特拉消防站和辛辛那提罗森塔尔当代艺术中心作为扎哈·哈迪德建筑师生涯中极为重要的两个作品，从中都可以看到《现实主义宣言》所带给她的影响。

维特拉消防站（图 5-20 至图 5-22）作为扎哈·哈迪德建筑设计的第一个实施项目，是扎哈·哈迪德思想的重要体现。首先，空间是消防站设计的主要特色，人在建筑内部，视野没有任何被阻挡的感觉。消防站的特殊性质，使得建筑必须有满足快速移动的功能，而这正是扎哈·哈迪德空间创造的根源。其次，在结构和装饰上，特维拉消防站绝对是重结构、反装饰的代表，整个建筑外立面是大面积的清水混凝土墙面，并且所有的混凝土墙面全部为建筑承重结构，"结构"同时又是"装饰"。最后，对于动感，扎哈·哈迪德曾说维特拉消防站要表现的是在接到报警时的紧张状态，是在各个瞬间可能产生的爆发力。的确，消防站爆裂般的外形，给人强烈的视觉冲击，仿佛冲破了地心引力，呈现沿着建筑长轴方向流动的动态，给人运动的感觉，可以毫不夸张地说，这是一座凝固但又动感十足的建筑物。

辛辛那提罗森塔尔当代艺术中心的设计也是一样。

在前文中，我们分析了艺术中心设计图中所表现出的飘浮、反重力的意识形象。在这里，通过2003年辛辛那提罗森塔尔艺术中心建成时的实景照片（图5-23），能够感受到同维特拉消防站一样，辛辛那提罗森塔尔当代艺术中心使用了极其简易的装饰，采用了简洁和纯粹的外立面表现手法——整个建筑的外围是由黑白搭配的混凝土墙，并在层叠的墙体中夹杂着条状的玻璃。此外，艺术中心整体造型就像一辆开动中的火车头，层叠交错的墙面向前伸展形成一个多角的表面，这种建筑构造让人感受到艺术的创造性张力，也是扎哈·哈迪德追求动感的表现。这两个实例都充分显示了扎哈·哈迪德对构成主义本质的认识和回归，那就是重空间、重结构、反装饰、追求动感。

图5-22　维特拉消防站3

5.2.3.3　建筑不等于艺术

"打倒艺术，艺术和宗教都是谎言，相信艺术的后果就是毁灭。

"打倒艺术，艺术是对人类的软弱无能的掩饰。

"打倒艺术推崇者，构成主义者们挺身而出。"

——《生产主义宣言》

罗德琴科在发表《生产主义宣言》的同时，喊出这样的口号，目的在于废弃艺术，认为构成主义不应该是纯粹的艺术，它最终的目标是实用，是生产主义。他本人以绝对的热情投身于摄影、广告、招贴画设计等领域，进行大量实用的创作。这种思想的传播，同样也影响了一批建筑师，他们摒弃了斜线、锐角在建筑创作中的尝试，转而关注具体生活空间中的实施。构成主义建筑师亚历山大·维斯宁曾指出，应当在新生活的建设中解决

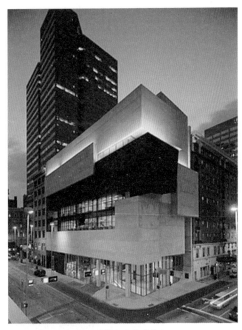

图5-23　辛辛那提罗森塔尔当代艺术中心

建筑课题，建筑的基本任务是组织新的生活，而技术是实现这个任务的手段。依靠陈旧的技术不可能组织新生活。这也标志了建筑从艺术创造的探索更多地转向关注实际生产生活的方向。

　　注重生产的构成主义对扎哈·哈迪德的影响不同于艺术性的构成主义，其重点在于，注重生产的构成主义的意义更多地体现在扎哈·哈迪德对建筑设计与艺术性之间关系整体认识的层次上。扎哈·哈迪德认为，建筑不是艺术，它首先考虑的一定是不同项目的要求。建筑物必须有功能性，它牵涉结构、力学、工程学等。它不仅仅是表达。这使扎哈·哈迪德在对建筑与艺术关系的理解上，更注重建筑对其使用者的影响，她希望自己所塑造的空间能影响那里的每个人的每一天。扎哈·哈迪德坦言，这是建筑带给她的快乐所在。同样，像亚历山大·维斯宁一样，扎哈·哈迪德坚信对建筑和空间的创造，会通过先进的技术而实现，这也是为什么她的作品总被认为是来自未来的。所有这些正是扎哈·哈迪德对建筑现实性、实用性的认识。

5.3　扎哈·哈迪德建筑思想及其作品分析

5.3.1　扎哈·哈迪德的设计思想

　　扎哈·哈迪德的建筑思想是自由、开放和不断变化的，并不像许多建筑理论所表述的思想体系那样晦涩、难以捉摸。扎哈·哈迪德的建筑思想明确而清晰，在对俄国前卫艺术运动的思想进行提炼的基础上，加上自己对现代建筑的独特理解，最终将自己的建筑思想的核心确定于空间的概念上。并且，可以清晰地感受到扎哈·哈迪德所创作的空间带给人们的那种透明、流动、自由的无形力量，而这正是扎哈·哈迪德建筑思想中最重要的部分。

5.3.1.1　从抽象到动态构成

　　正如前文所说，抽象绘画对扎哈·哈迪德的影响是深远的，扎哈·哈迪德自己也曾表示，她一直在研究和探索抽象的东西。她坚持通过抽象绘画来表现每一个设计，在绘画中，扎哈·哈迪德希望表达的不仅是她从至上主义中领悟的自由、飘浮、反重力的特点，还有更为重要的一点，就是构成主义对动感的追求。同样，飘浮、反重力在本质上来说，也是物体运动性的一种体现。

在长期的探索中，如何使建筑空间和建筑造型更具有动感，成为扎哈·哈迪德设计中最为重要的一点。正因如此，扎哈·哈迪德的设计思想被人们称为动态构成，并成为当今设计界最热门的词汇之一。动态构成可以说是一种造型艺术，或者造型方法。随着扎哈·哈迪德对动态构成应用的发展，她的作品也越来越体现随机、流动、自由、不规则等特性。但通过对动态构成的总结，可以看出其主要表现了两个方面——空间"透明性"和空间"流动性"。

5.3.1.2 空间"透明性"

这里所说的"透明性"是一种视觉范畴内的概念，这一概念体现于柯林·罗和罗伯特·斯拉茨基出版的著作《透明性》之中，是建筑的空间及形式的透明性研究的开始。此后，乔治·凯布斯的理论是对"透明性"作出的更进一步的阐述：当人们看到两个或更多的图形层层相叠，并且其中的每一个图形都要求属于自己的共同叠合部分，这本身就是一种空间秩序的矛盾。因此，人们需要赋予这些单独的图形以各自的透明性，换言之，在不破坏对方的情况下，图形间可以互相融合。需要注意的是，这里的透明性不单是指视觉上的透明，而且是空间秩序的反映。其意义在于，处于交叉部分的人能够同时感受到两个空间的存在。

通过前文的阐述，对于空间的"透明性"可以这样理解：首先，透明性是视觉上的两部分空间之间的联系和融合，即相互有重叠的部分；其次是感觉上的，可以感受到两个不同空间同时存在，即相互独立于对方。简而言之，在建筑空间中，空间透明性就是削弱两个独立空间之间的界限或分隔，使它们在独立代表自身不同功能的同时，可以互相渗透，而不需要非常明确的分界物，至少在视觉上是通透的。两个空间可以是室内室外，可以是两个房间，甚至可以是两座建筑，可以说"透明性"的提出是对自由空间、开放空间的肯定。

其实，通过反思至上主义思想和作品，不难发现，当时马列维奇已经表达了

图 5-24　扎哈·哈迪德维特拉消防站内部空间 1

图 5-25　扎哈·哈迪德维特拉消防站内部空间 2

图 5-26　维特拉消防站 4

自己对空间"透明性"的认识。在至上主义终极性的作品《白底上的白色方块》中，马列维奇用两个很难分辨的白色方块，表达了一种需要心灵感受的至高境界。马列维奇所要表达的正是在淡化空间界限的同时，给人以无限的空间感，而所谓"透明性"也是如此。方形（人的意志）脱去它的物质性而融汇于无限之中。留下来的一切就是它的外表（或他的外表）的朦胧痕迹。从本质上讲都是希望实现对空间的彻底解放。

扎哈·哈迪德非常重视"透明性"的表现，并且力求从建筑空间的各个角度诠释"透明性"，水平、竖直、室内、室外……仍以维特拉消防站为例，建筑看似封闭的外表下，空间"透明性"的表达却毫不含糊。身处其中，可以切身感受到"透明性"空间的魅力（图 5-24 至图 5-26）。

5.3.1.3　空间"流动性"

在空间"透明性"的大前提下，扎哈·哈迪德更重要的思想就是空间的"流动性"。对于建筑设计，"流动的空间"是一个陈旧的话题，一般所说的流动的空间主要是指不把空间作为一种消极静止的存在，而看成一种生动的力量。在空间设计中，避免孤立静止的体量组合，而追求连续的运动空间。以密斯·凡·德·罗为例，他的作品是流动性的代表，如巴塞罗那国际博览会德国馆（图 5-27）和图根哈特住宅（图 5-28）等。简单地说，可以从两方面理解密斯·凡·德·罗的空间流动：其一，室内分隔的简化，隔墙大面积的减少，使室内空间相互流通；其二，玻璃幕墙和钢结构的应用，使得大面积的玻璃起到连通室内外空间的作用。密斯·凡·德·罗的流动空间是静止的，更多

图 5-27 巴塞罗那国际博览会德国馆

图 5-28 图根哈特住宅

地体现了建筑技术的革命。

　　扎哈·哈迪德对"流动性"有不同的认识：空间不是墙体围合的平面，不是同样的平面简单地堆叠。人们应该通过合理的组织，去塑造开放的复杂的空间。同时，平面也不是简单的空间的基底，它肩负着组织空间的重任。建筑内部空间、外部空间及灰空间首先就要在平面上合理地组织，这样的空间才能带给人与众不同的感受。扎哈·哈迪德希望通过空间的组织，实现"流动性"的表达。通过水平和竖直方向的流线组织，进而对空间进行组织，完成空间"流动性"的创造。

图 5-29 MAXXI

　　在"流动性"体现的过程中，扎哈·哈迪德赋予了交通空间非常重要的职能——空间组织。任何建筑都可以说是交通和功能的综合体，但是扎哈·哈迪德将二者结合在一起，使交通与功能融为一体，让建筑空间更加丰富，从而体现更流畅的空间"流动性"。此外，扎哈·哈迪德也利用数字化技术，雕琢交通空间的形式，使其更富动感。例如意大利的国立 21 世纪艺术博物馆（MAXXI）（图 5-29）和迪拜歌剧院（图 5-30）。

图 5-30 迪拜歌剧院（未建）

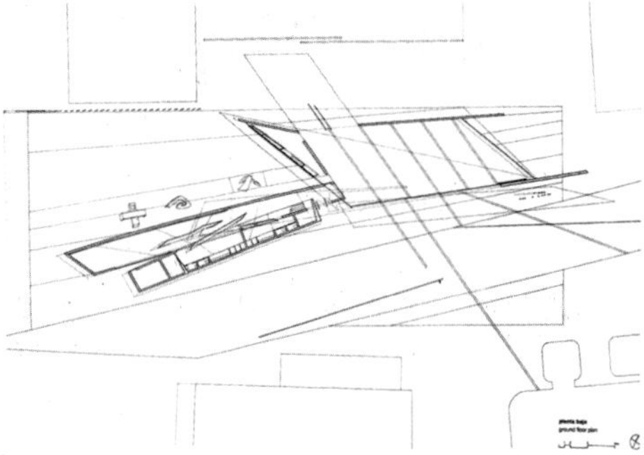

5.3.2 扎哈·哈迪德建筑设计手法

综上所述，不难发现，在扎哈·哈迪德的建筑设计生涯中，抽象绘画给予她至关重要的影响，在影响她的建筑思想的同时，也影响了她设计表达的方式，而更重要的影响则体现在她的设计手法上。在一定程度上，扎哈·哈迪德将抽象绘画用别的绘画技法融入建筑空间塑造中。先前说到，扎哈·哈迪德对其空间思想的表达更多地通过空间的组织，建筑的空间就好像抽象绘画中的图形，图形间通过组合在平面上呈现空间感，而这些组合方式被扎哈·哈迪德应用到建筑空间组合时，空间成为扎哈·哈迪德建筑思想的表现——透明、流动。

5.3.2.1 拼贴与破碎——平面空间组织

在扎哈·哈迪德的作品中，拼贴与破碎的使用在平面空间的组织中很常见。在抽象绘画中，拼贴表现了画面整体的层次感，而破碎则丰富了空间多样性。扎哈·哈迪德将拼贴和破碎的手法融入建筑平面空间，使得整个建筑显现出强烈的拼凑韵律，正因如此，她的作品曾一度被认为是"解构主义"。

其实不然，扎哈·哈迪德的拼贴并非为了创造形式，而是表达空间。通过拼贴和破碎相结合，扎哈·哈迪德使各部分空间相对丰富，然而在体量上又比较协调。当然，对透明性和流动性的表现也是必不可少的。

1. 维特拉消防站

从图5-31和图5-32中，可以清晰地看出几何形状的拼贴效果。将首层平面简化分解，可以得到两

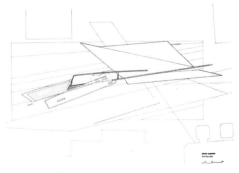

图5-31 维特拉消防站一层平面图

图5-32 维特拉消防站二层平面图

个类似长方形和一个类似平行四边形的平面形状，而且，三个形状分别代表了三个不同的功能分区——休息训练区域、更衣和卫生间区域及车库区域，这是消防站的三大主要功能，也是扎哈·哈迪德进行平面空间组织的主要依据。可见，在拼贴的空间组织形式下，扎哈·哈迪德在设计中整合了严密的逻辑关系。

首先，三个基本功能区拼接起来，形成维特拉消防站的基本形式。值得一提的是，两个类似长方形的体块呈现出一定的微小角度的拼接方式，让建筑平面动感十足，而我们不难发现，在马列维奇的抽象绘画作品中，为了追求动感，呈现一定角度的抽象图形拼接是最为常用的手法。

其次，车库部分在面积上较其他两部分空间要庞大很多，扎哈·哈迪德在建筑平面的基本形式上，附加了一块三角形的平面，这部分平面似乎没有功能性的意义，但它将平行四边形的大空间分割成两部分相对较小的空间。虽然说是一种拼贴，但其实更像是一种破碎的手段，在此基础上，四边形的大空间被分割成两个较小的三角形空间，并且形成一个三角形的大型构筑物——爆裂的屋檐形式由此而生。

再次，在两部分长方形空间内，扎哈·哈迪德也做了一些破碎的处理，但采用的是斜线形式的墙体，这也是扎哈·哈迪德流动空间理念的表现，斜线或流线型的墙体使得室内空间正如扎哈·哈迪德描述的那样，她希望消防站内部的人行动不受任何阻碍。

最后，在二层平面的处理上，仍然是马列维奇式的拼

贴方式，如图 5-33 所示。二层平面长方形的形式与一
层两个平面空间依然呈现一定的角度。并且，为了增加
与车库部分的联系，二层平面做了一些墙体的延伸，在
一层也做了相应的延伸（图 5-34、图 5-35）。

图 5-33 维特拉消防站二层平面处理

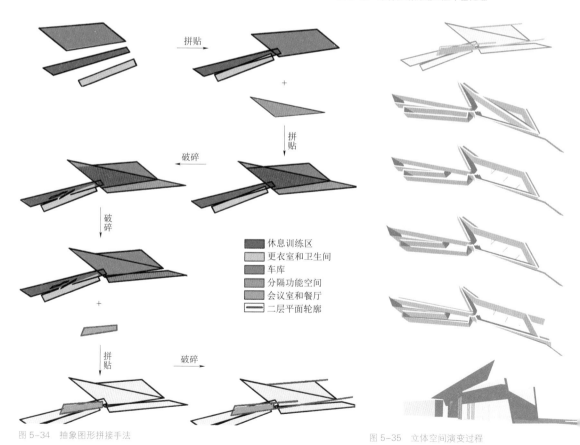

拼贴

＋

拼贴

破碎

破碎

＋

拼贴　　破碎

■ 休息训练区
□ 更衣室和卫生间
■ 车库
■ 分隔功能空间
■ 会议室和餐厅
▭ 二层平面轮廓

图 5-34 抽象图形拼接手法

图 5-35 立体空间演变过程

在经过一系列变化之后，世界最美丽的消防站——维特拉消防站诞生了。不可否认，它的动感表现（图5-36、图5-37）是它成功的关键之一，但在平面构图方面的贡献是不可或缺的。

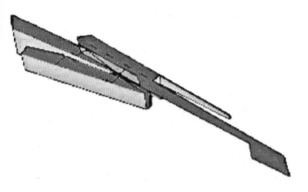

图 5-36 整体空间流动性表达分析

图 5-37 内部空间流动性

2.港口街开发方案

从扎哈·哈迪德为"港口街开发方案"
绘制的概念草图（图5-38、图5-39）中可
以看出，流畅的长直线条反映了项目基地
条理清晰、整洁有序的周边环境，这种空
间秩序在扎哈·哈迪德的设计中得到了呼
应，方案本身延续了带状的空间形式，同
时却不是一成不变的，在本应连续的带状
空间中，扎哈·哈迪德对其中部和端部进
行了变化，从而表达她一直追求的空间流
动性。可以看出，方案中间部分的设计手
法就是所谓的"破碎"，并且在立面上得
到反映（图5-40）。

图 5-38　港口街开发方案概念草图 1

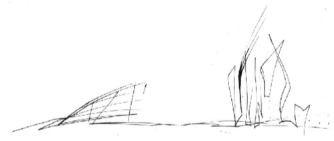

图 5-39　港口街开发方案概念草图 2

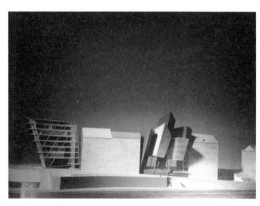

图 5-40　港口街开发方案模型

在概念深入的过程中，扎哈·哈迪德就"破碎"的平面形式进行了大量的尝试，但最终仍然采用了马列维奇样式的四边形，它们分别作为单独的空间单元进行再拼贴，通过拼贴的疏密关系处理在立面上形成空间的节奏变化，在平面上也形成了贯通的流动空间（图5-41至图5-47）。

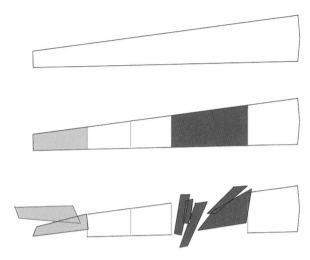

图5-41 港口街开发方案推敲过程示意1

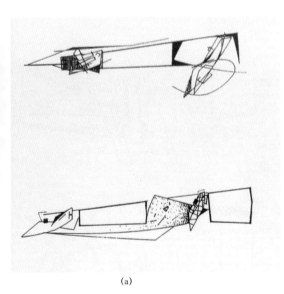

(a)

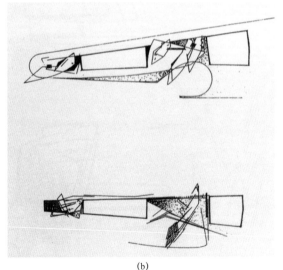

(b)

图5-42 港口街开发方案推敲过程示意2

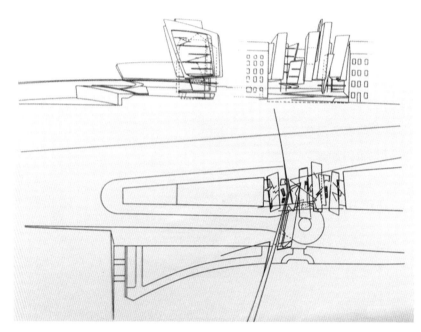

图 5-43　港口街开发方案推敲过程示意 3

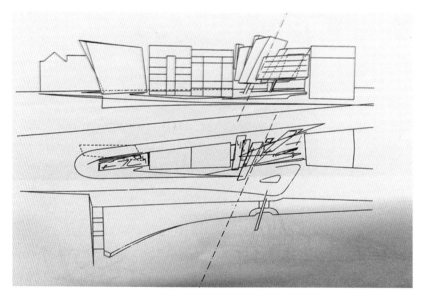

图 5-44　港口街开发方案推敲过程示意 4

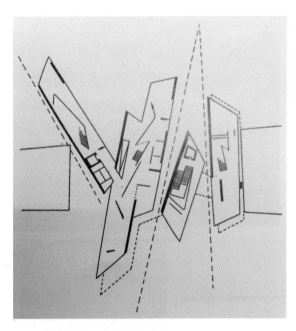

图 5-46 港口街开发方案最终平面图

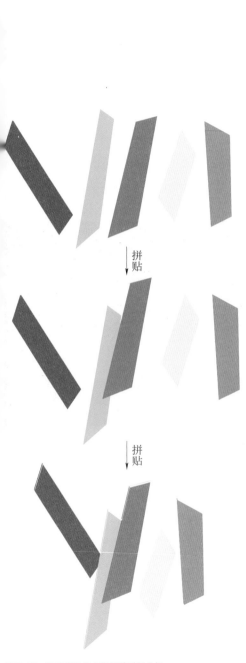

拼贴

拼贴

图 5-45 港口街开发方案拼贴过程分析

图 5-47 港口街开发方案概念示意

3. Zollhof 3 媒体公园

继港口街开发方案之后，扎哈·哈迪德在 Zollhof 3 媒体公园方案的设计中使用了相同的形式和方法，两个方案的形式几乎相同，这标志着扎哈·哈迪德已经将马列维奇式四边形形体的拼贴作为一种熟练的空间创作手法。

此外，该项目承载着杜塞尔多夫海港由陈旧商业区向新型商业区转变的重要责任，所以在平面创作上，扎哈·哈迪德在应用四边形空间拼贴手法的同时，加入了三角形的构图元素，使得整个方案更具有表现力和冲击力（图 5-48 至图 5-51）。

图 5-48　Zollhof 3 媒体公园方案概念示意 1

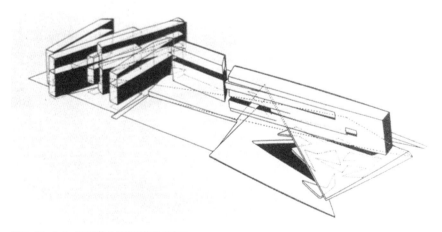

图 5-49　Zollhof 3 媒体公园方案概念示意 2

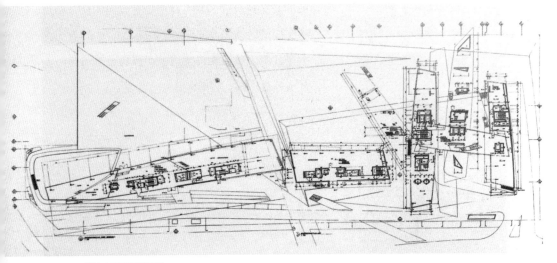

图 5-50　Zollhof 3 媒体公园首层平面图

5.3.2.2　层叠、渐变及转换——垂直空间布置

　　"层叠"是建筑师创作中必然用到的手法，设计中必须将平面在垂直方向上叠加，传统设计中设计师一般将平面复制进行叠加，但扎哈·哈迪德不同，在抽象绘画表现方法的影响下，她将层叠和渐变的手法应用到建筑垂直空间的设计当中，以加强建筑的透明性和流动性。

　　在抽象绘画中，艺术家应用层叠强调图形间明显的秩序感，使平面的二维图形具有鲜明的层次关系。尤其在大色块绘画中，几何形的语言形式更接近建筑立面和空间的表现。

　　层叠在垂直空间上的应用类似于平面中的拼贴，却无法像平面一样有明显破碎后拼贴的感觉，在更多的时候扎哈·哈迪德将破碎的手法变成了渐变，从而获得空间上的多变。同时，提到垂直空间的设计，楼梯是必不可少的，也是扎哈·哈迪德设计中与众不同的地方。"竖

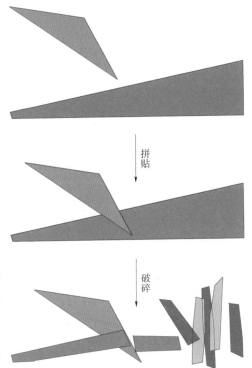

图 5-51　Zollhof 3 媒体公园设计手法分析

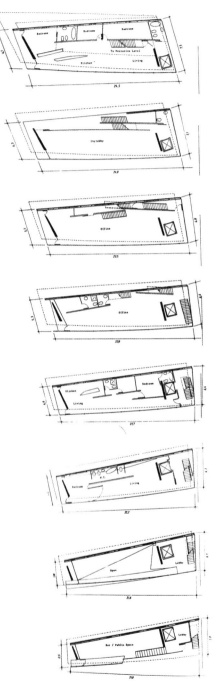

向的联系体没有必要设计成垂直方向的核，相反，可以将竖向的联系体在层与层之间转换布置。"在大多数情况下，扎哈·哈迪德将交通空间转换布置的同时，将其设计成开敞形式，利用交通空间展现空间的流动性。

1. 港口街开发方案

图 5-52 为港口街开发方案局部各层平面。

首先，可以看出，从下往上各层平面中，墙体尺寸依次递增。

其次，各层墙体都有一定角度的旋转。

再次，在平面层叠过程中再依次顺时针旋转。

最后，通过平面渐变后的层叠，建筑整体形成四面曲率各不相同的墙面，以及锐利的尖角。港口街开发方案各层平面重叠关系如图 5-53 所示。这符合扎哈·哈迪德对建筑造型的审美，像在维特拉消防站中的三角形大屋顶一样，这种形式象征了一种"爆炸性"的空间张力（图 5-54 至图 5-57）。

在层叠和渐变的空间造型中，扎哈·哈迪德将交通体系开敞，并在各层之间转换布置。这一设计对建筑内部空间的流动性体现起到决定性的作用，使原本相似的各层平面层叠出不一样的流线和空间感（图 5-58、图 5-59）。

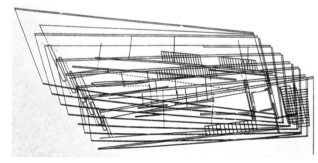

图 5-52　港口街开发方案局部各层平面　　　　　　图 5-53　港口街开发方案各层平面重叠关系

图 5-54　港口街开发方案局部模型 1

图 5-55　港口街开发方案局部模型 2

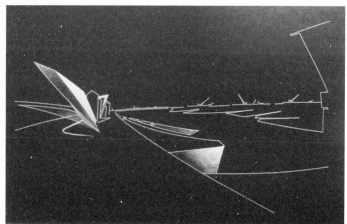

图 5-56　港口街开发方案设计概念草图

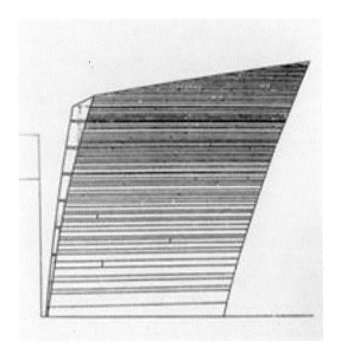

图 5-57　港口街开发方案北立面

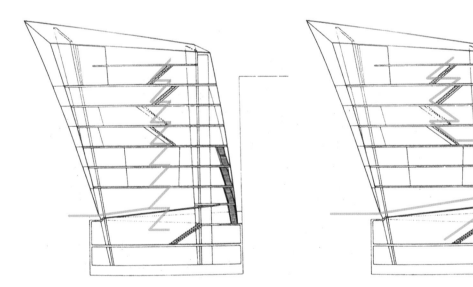

图 5-58　传统手法垂直交通布置　　　　　　　　　　　图 5-59　港口街开发方案空间流动性分析

2. 辛辛那提罗森塔尔当代艺术中心

设立于 1939 年的辛辛那提罗森塔尔当代艺术中心（以下简称艺术中心），至今已有 70 多年的历史，却仍不断寻求创新的可能。

艺术中心上实下虚，好似一张飘浮在都市中的魔毯，以三度空间的立体视觉加上转折的立面与不同经纬度的线条打破街道与建筑的绝对分离关系。立面借由长方体的几何形层叠堆砌而成，交错中形成的方格形立面借助灯光的辅助，使得外观呈现"透明性"。

可以看出，建筑主题空间是由卷起的墙面所限定的玻璃盒子空间，但扎哈·哈迪德使用了七个长方体体块与玻璃盒子穿插和堆叠，形成了建筑沿街的两个立面，尤其在侧立面，各个体块的截面尺寸不同，出挑尺度不同，材质也不同，所以整个立面层次和材质的对比非常鲜明，恰似浮雕艺术的效果（图 5-60、图 5-61）。

正因如此，扎哈·哈迪德的设计被认为是最符合艺术中心致力于展示当代视觉艺术的文化氛围的要求。

艺术中心内部的设计则是以扎哈·哈迪德一贯的空间流动性为准则。

首先，建筑一层不临街的墙面设计成实墙，通过弧线与城市地面相接，仿佛整个建筑是一块在城市地面上卷起的地毯。

其次，室内各层间有坡道相连接，"之"字形的坡道飘浮在大厅与展示空间，形成内外对立的和谐（图 5-62、图 5-63）。

内外空间的设计共同塑造了艺术中心这一"透明的""流动的"艺术建筑，可以说是建筑、艺术、生活的完美结合。

由于空间限制，楼梯的形式被设计成折返的形式，但为了空间流动性表达，扎哈·哈迪德还是在有限空间内将各层楼梯设计成非平行的状态，并且在楼梯转折处布置整面的玻璃幕墙，以此强调流动性和透明性的表达。

5.3.2.3　折叠——综合空间设计

"折叠"形式最初在建筑中的应用应该是交通空间的设计。由于种种限制，

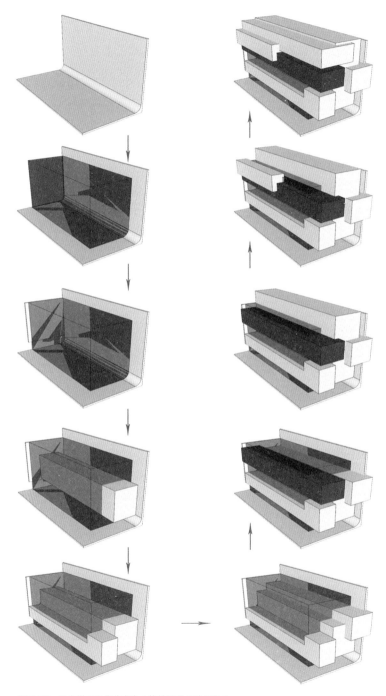

图 5-60 罗森塔尔当代艺术中心体块层叠手法分析 1

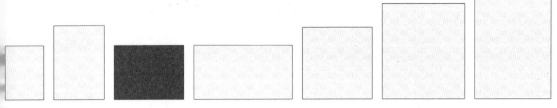

图 5-61　罗森塔尔当代艺术中心体块层叠手法分析 2

人们不可能将建筑平面无制约地平铺开来。所以，为了得到所需的空间，又不得不将某些功能所需的空间折叠起来，在完成功能需求的同时，尽可能地减少所占用的空间，例如楼梯。

抽象绘画中的"折叠"，更像是一种构图的样式。建筑设计中"折叠"的空间也不再只是为了节约空间。对于现代建筑空间而言，其开阔程度和面积的大小已经不能满足人们对空间审美的要求，空间的流动性、延伸性、通透性等能给人深刻空间感的因素受到越来越多的关注。

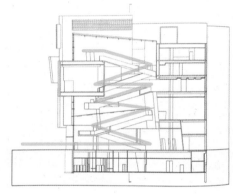

图 5-62　罗森塔尔当代艺术中心空间流动性分析

扎哈·哈迪德在受到至上主义和构成主义影响的情况下，很早就意识到了建筑空间"透明性"和"流动性"表达的重要性，并且在借鉴抽象绘画"拼贴、破碎""层叠、渐变"方法的同时，对于垂直交通空间的转换布置提出了超前的、独特的见解。

垂直交通空间的转换布置曾一度成为扎哈·哈迪德对空间流动性塑造的重要手法之一，随着转换手法的逐渐成熟，对于三维立体化空间的组织形成了"折叠"的创作手法。就垂直交通而言，"折叠"其实就是"转换布置"的一种形式，但随着科技、设计理念的发展，扎哈·哈迪德逐渐将交通空间的设计与室内空间的创造融为一体，

图 5-63 罗森塔尔当代艺术中心室内空间

因此,"折叠"的手法从垂直空间设计方向转向了建筑整体造型领域,而交错或是盘旋的楼梯成了"折叠"最简单的形式。

1. Tomigaga 亭

Tomigaga 亭位于日本,整个建筑由一层开敞空间、一个底层架空的玻璃亭子和另一个沉入地下的空间构成。各部分之间通过不同标高的平台相连接,整座建筑提供零售或办公空间。

架空的亭子的空间由一块折叠的板限定,折板形成了亭子的顶、地和一面墙体，其他三面完全由玻璃材质构成，夜晚，亭子内的光线可照亮周边区域；白天，架空的亭子可为下层开敞空间提供柔和的光线。而地下部分通过顶部一层的天窗采光，Tomigaga亭虽然建筑体量较小，却是扎哈·哈迪德空间透明性的完美体现（图5-64、图5-65）。

从Tomigaga亭空间流动性分析（图5-66）中可以看出，垂直空间的转换布置对空间流动性的塑造，直到亭子屋顶部分的设计依然沿用这种流动性模式，在不影响内部空间使用性的情况下，屋顶被设计成折叠的形式（图5-67）。

2. 海牙别墅

扎哈·哈迪德为海牙别墅设计了两套方案，方案一是交叉别墅，由虚实不同的两个形体交叉而成。"虚"的部分位于一层空间，围合了整片用地的一层形成了一个内庭院。二层为"实"的部分，以斜插的方式与一层相接。

一层空间提供起居和厨卫的功能，二层空间提供居住和工作的功能，而虚实的布置为建筑提供了适应不同需求的高品质空间：私密内向、开放外向（图5-68）。

方案一的空间组合方式更像上一章节中提到的层叠的方式，即便如此，扎哈·哈迪德还是在屋顶上做了倾斜设计的处理（图5-69），因此在人视角度上还是可以看出建筑空间折叠流动的意向。

与方案一相比，方案二的设计则能更好地体现扎哈·哈迪德在整体空间设计中应用折叠手法的思想。方案二从外立面看起来是一个纯粹的方形体量，然而就其内部空间而言，各个功能空间被盘旋上升的楼梯所串联，甚至折叠的楼梯形式延续至屋顶平面，改变了整个建筑

图5-64 Tomigaga亭模型示意

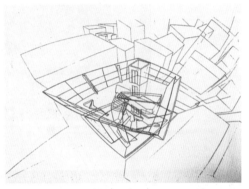

图5-65 Tomigaga亭概念示意

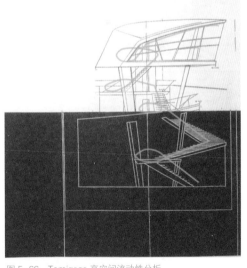

图5-66 Tomigaga亭空间流动性分析

(a)   (b)

图 5-67　Tomigaga 亭空间照片

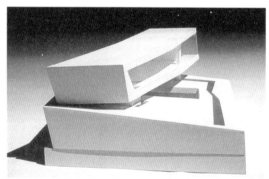

图 5-68　海牙别墅方案一模型

图 5-69　海牙别墅方案一空间示意

的空间造型。此外，扎哈·哈迪德还将朝向垂直交通空间的一面墙打开，在流动性表达的过程中表现空间的透明性（图 5-70）。

各层平面内，楼梯作为主要交通流线组织者表达了空间中三角形的流动空间特性，到屋顶平面时，这种三角形螺旋上升的空间秩序得到延伸，形成了折叠的屋面形式（图 5-71）。

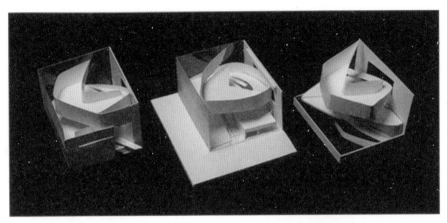

图 5-70　海牙别墅方案二模型

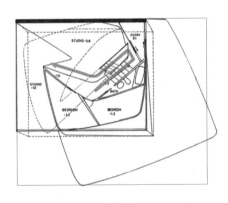

(a) 一层平面图

(b) 二层平面图

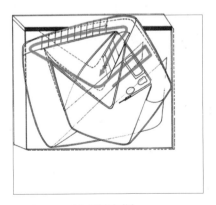

(c) 三层平面图

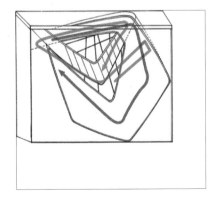

(d) 层顶平面图

图 5-71　海牙别墅方案二平面流动性分析

通过这样的方式，扎哈·哈迪德将室内空间流动性的表现上升到了对整体建筑空间造型的高度，将室内外空间及建筑造型有机地融合到一起。从剖面和模型中，我们将有更深切的体会（图 5-72、图 5-73）。

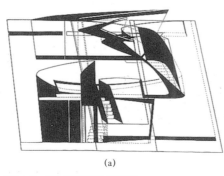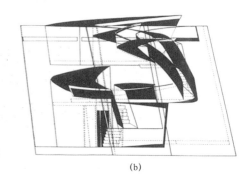

(a)   (b)

图 5-72 海牙别墅方案二剖面图

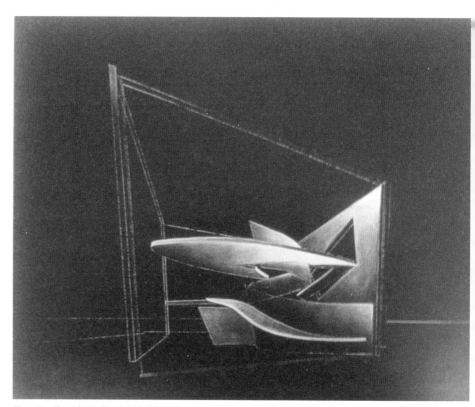

图 5-73 海牙别墅方案二空间流动性示意

3. 蓝图亭

　　蓝图亭建于 1995 年，是位于英国伯明翰的一个小规模的单体建筑，其功能主要是展示。蓝图亭的设计手法是纯粹的"折叠"，形体简洁流畅，空间清晰明了。

　　蓝图亭的设计理念是创造一个连续的空间，扎哈·哈迪德将长条的片状墙体进行折叠，形成了地面、墙面、天花的连续效果，使得参观者在行进过程中通过一个完整的循环（图 5-74）。

图 5-74　蓝图亭

通过折叠角度、折叠边的长度、高度变化（图 5-75），蓝图亭形成了在空间形态上高低长短、体块穿插等丰富的变化。由于是室内装置，蓝图亭中有两个面是完全打开的，弱化了建筑边界，提升了空间透明性（图 5-76）。

图 5-75 蓝图亭折叠过程示意

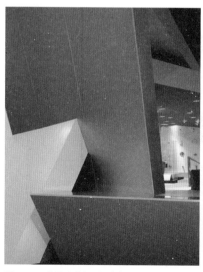

图 5-76 蓝图亭内部展示空间

5.3.3　扎哈·哈迪德建筑作品分析

通过前文总结分析可以看出，拼贴、破碎、层叠、渐变、转换、折叠都是扎哈·哈迪德实现空间创造的基础理念和手法。然而在每一项设计中，空间的创造必然是由二维向三维的转变，也是从局部到整体的统一，正因如此，任何一种单纯的手法都不足以完成空间的塑造和表现，在实践中各类手法必将是相辅相成的。

并且，在扎哈·哈迪德永无止境的创造探索和科技手段不断发展的基础上，基础手法的应用也达到了新的高度，甚至在造型元素上也突破了简单的几何形体，但唯一不变的是，任何一个设计都散发着扎哈·哈迪德对空间"流动性""透明性"的追求和对造型手法的应用。

1.香港之峰俱乐部

之峰俱乐部是扎哈·哈迪德崛起的标志设计，她独特的设计表现方式和透彻的哲学性吸引了当时的日本建筑大师矶崎新。在扎哈·哈迪德的表达当中，可以看到极尽破碎的空间形态，建筑内部的空间单元被打破，墙体折叠或弯曲，规则的正交网格被打碎，各个碎片又以不同的方式拼贴、层叠（图5-77、图5-78）。

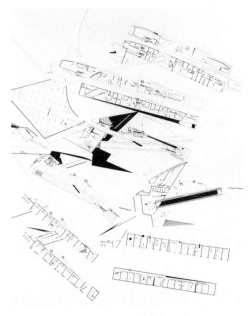

图 5-77　香港之峰俱乐部破碎拼贴过程示意

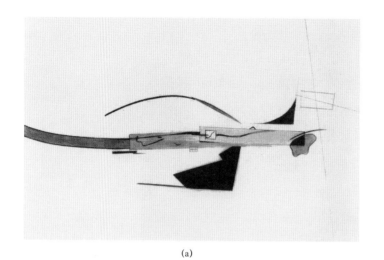

(a)

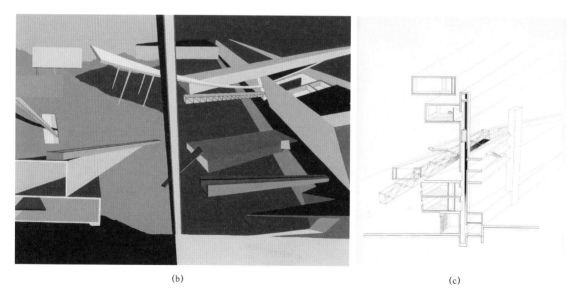

(b)　　　　　　　　　　　　　　　　　　(c)

图 5-78　香港之峰俱乐部层叠过程示意

　　建筑以水平的摩天大楼为出发点，将摩天大楼躺倒插入山体当中，与地形形成了强烈的对比，表现出巨大的视觉冲击。方案虽然没能实现，但通过扎哈·哈迪德的草图和方案图纸可以看出，其设计手法的表现非常清晰（图5-79、图5-80）。

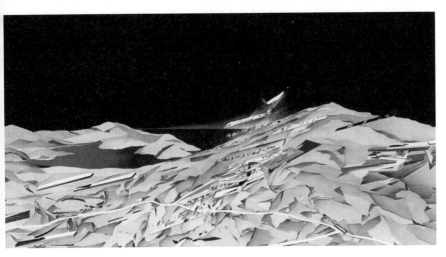

图 5-79　香港之峰俱乐部设计概念草图

图 5-80　香港之峰俱乐部模型效果

2. 园艺博览馆

1999 年，园艺博览馆建于德国莱茵河畔的威尔城，其建筑形体与所处的公园相协调，建筑的主要空间——展示大厅和咖啡厅，沿道路延伸开来，并且允许室外充足的阳光和视线进入室内。次要的空间"消失"在建筑的"屋顶"之中。在咖啡厅的南面是一个露台，其中有一个有顶的表演空间。环境研究中心被设置在展览大厅的北部，有一半没入地下，以发扬地下空间与世隔绝的长处。另外，展示大厅还起了一个缓冲区的作用，它在冬天可以被动地接受太阳能。那个下陷的环境研究中心就成了展览大厅的一个开敞的夹层空间（图 5-81、图 5-82）。

在设计草图中，不同的色彩体现了建筑的层叠、穿插、折叠及类似维特拉消防站的形体拼贴的空间关系，直到最终的建成效果，仍可以看出些维特拉消防站的影子（图 5-83）。

图 5-81 园艺博览馆人视效果

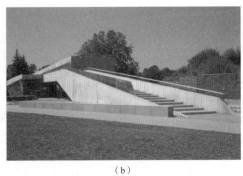

（b）

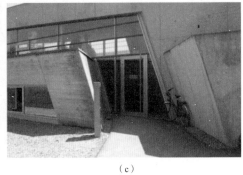

（a）　　　　　　　　　　　（c）

图 5-82　园艺博览馆局部效果

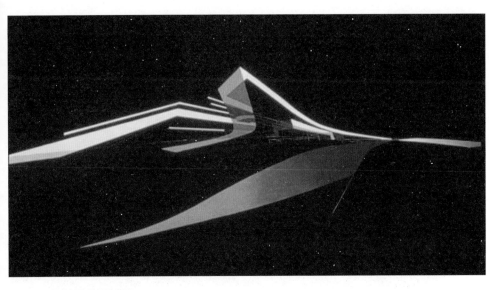

图 5-83　园艺博览馆设计草图

3. 伦敦千年穹思维区

"思维区"是"千年穹"中14个单独展览空间中的一个。"千年穹"是一座圆形的大帷篷结构，围绕一个中心展示区布置着环状的道路，其中有14个展区，都有各自的主题，如"人体""工作""思维"等。

思维区的设计概念类似于前文的蓝图亭，就是将连续的带状材料弯曲，来形成建筑的墙、地、顶，从而使建筑中包括交通在内的各个面，形成一个完整的、连续的空间结构，以求获得一种流动的空间体验。

所以该展区构筑物交叠的、连续的表面被视为主体，一个将内容暗藏于内，其物理表现外露于上的主体。由众多艺术家设计的表现思维主题的展品被植入这个连续表面。展厅开放流动的空间使参观者在行程中能够从多个角度多次看到布景。路线设计和展品配合，十分微妙地展现了思维的历程。

折叠、层叠等手法在设计中得到体现，加上先进材料的应用，如玻璃表皮、铝制的蜂巢结构等使建筑整体的空间更为流畅，更加炫目（图5-84至图5-86）。

4. 第42街旅馆

第42街旅馆建于1995年，这座建筑由两个商业中心和两个高层宾馆组成。拥有视觉循环系统、动态信息系统和照明系统。建筑立面体系由一块块碎片编织

图 5-84　思维区概念草图

图 5-85 思维区方案模型

图 5-86 思维区实景效果

在一起，形成一个新的城市中心。

　　每一栋建筑都有略微的不同，不同的功能有不同的表达。选取其中一栋包括酒店、商务中心、钢琴酒吧、游泳池等在内的高层建筑为例。在这栋建筑中，扎哈·哈迪德将破碎、拼贴的手法与层叠相结合，塑造了一个全新的建筑形态（图 5-87）。

（a）　　　　　　　　　　　　　　　　　　（b）

图 5-87　第 42 街旅馆抽象草图及模型

5. 德国费诺科技中心

　　德国费诺科技中心位于沃尔夫斯堡，建于 2005 年，体量非常宏大，整个建筑主体架设在 8 米高的巨大圆锥上，圆锥酷似倒置的漏斗，贯穿建筑到达顶部，使体量宏大的建筑好似飘浮在空中一样（图 5-88）。

　　在立面设计中，以层叠和渐变为主要手法，虽然各层没有明显的界限，但整个立面上布满了舷窗，舷窗形式多样，大小尺度有明显的渐变，它们斜向有秩序的排列，不仅强化了层叠的概念，还表达了一种冲向未来的时代感。

　　此外，垂直交通的转换布置同样应用于设计中，楼梯围绕圆锥形的柱子布置，配合室内不规则多边形的门洞，共同营造了流动空间的氛围（图 5-89）。

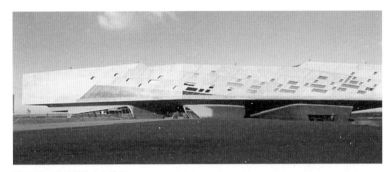

图 5-88 费诺科技中心效果

（a）

（b）

（c）

（d）

图 5-89 费诺科技中心局部效果

6. JVC 酒店

JVC 酒店是位于墨西哥 JVC 中心内的人工湖边的五星级酒店，是扎哈·哈迪德 2000 年的作品。

扎哈·哈迪德希望通过 JVC 酒店，在 JVC 中心创造一个强烈明晰的标志性建筑，在这里，破碎、拼贴、层叠、渐变的手法得到了纯粹的应用。建筑主体沿湖边呈"S"形展开，酒店房间为单独的长方体盒子，错落有致地堆叠起来，并朝向湖面穿插在"S"形主体之中，将湖水同建筑融为一体（图5-90、图5-91）。

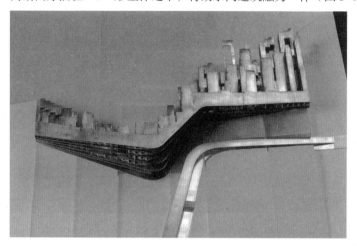

图 5-90　JVC 酒店模型 1

图 5-91　JVC 酒店模型 2

7. 国立 21 世纪艺术博物馆（MAXXI）

国立 21 世纪艺术博物馆（MAXXI）是意大利第一个公共博物馆，致力于意大利当代创作、艺术和建筑。建设当代艺术和建筑中心的设想可以追溯到早期的 1998 年意大利文化遗产部的愿望，以确保意大利过去的伟大文化传统在未来的持续发展。

博物馆的设计理念就是创造一个一条路走不完的空间，博物馆内尽可能让参观者不走重复的路线，向前总有新路线不断出现。因此，建筑各层之间必然会出现交叉，博物馆共有三层，在二层部分有很多交叉点，这些交叉点有的与其他建筑或画廊相连，有的与一层或三层相连。这也符合扎哈·哈迪德垂直交通转换布置和建筑折叠形态的设计手法（图 5-92 至图 5-94）。

图 5-92　MAXXI 模型

图 5-93　MAXXI 夜景

图 5-94　MAXXI 室内空间

8. 螺旋石塔

　　螺旋石塔是巴塞罗那广场的地标性建筑，也是扎哈·哈迪德 2011 年的作品，这座大学校园建筑最终坐落在巴塞罗那主干道 Avenida 末端的对角线上，紧邻 2004 年由赫尔佐格设计的文化广场建筑，项目于 2009 年开建（图 5-95）。

　　扎哈·哈迪德为 Edifci 校园设计的这座建筑肯定了巴塞罗那 22 个区域在不断变换过程中所扮演的角色。螺旋石塔显著的设计风格在不断发展的领域创建了一种新的表现形式，但手法却依旧是层叠和渐变，只是依托最新的科技手段，螺旋石塔所表现的效果更加绚丽（图 5-96、图 5-97）。

图 5-95　螺旋石塔效果图

图 5-96　螺旋石塔室内流动空间

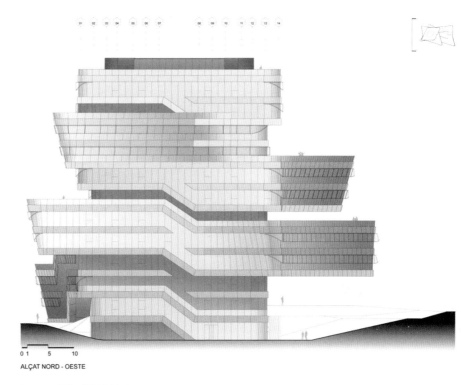

ALÇAT NORD - OESTE

图 5-97 螺旋石塔层叠效果

第6章
抽象绘画与建筑空间构成的转化

6.1　抽象空间

点、线、面是构成艺术品的最基本的要素，抽象艺术在摒弃具体物象，探索自身语言的实践中，通过点、线、面这些具体的元素，探究抽象绘画的深刻的科学意义。"抽象"，顾名思义，是将自然事物基本特征抽离之后，加之以个人的思想感情再次表现。对于事物，这个抽象的过程叫作概括或是简化；而对于绘画，这个抽象的过程多是反映作者对某一既定对象在空间、色彩方面深层次理解的再现。因此，抽象艺术家们对空间的不同理解导致其艺术风格的不断变化，其所创造的空间表现方法，为绘画及空间设计的拓宽、艺术表现和审美价值的提升做出了巨大的贡献。

因此，分析艺术家对空间处理的多样性，对当今人们进行图形空间的认识意义深远，特别是建筑师对抽象绘画的空间理解，抽象绘画中的实体空间表达，将抽象艺术画面中的抽象空间与以人为尺度标准的建筑空间联系起来，为当代建筑提供了更多的空间造型表达思想，抽象绘画与当代建筑空间创造具有广泛的共通性，抽象绘画中所表达的空间的研究对实体建筑空间的创造意义重大！

在当今世界建筑界，诸多知名大师仍然深切地迷恋着现代抽象绘画，并将对现代抽象绘画空间的独特理解融入建筑创作当中。例如，扎哈·哈迪德、丹尼尔·里伯斯金等。其中，扎哈·哈迪德曾进行过现代抽象绘画作品的创作，她以建筑创作中的建筑形式片段为元素，通过多角度、多视点来进行重构，以此表现一种动态的三维空间。她这样描述自己的绘画作品：平面层次上的空间和地形变化及无明显特征的色彩运用都与至上主义和构成主义的某些作品在作品风格与形式上有奇妙的形式上的联系。不仅在绘画艺术上，扎哈·哈迪德对建筑非线性及解构的设计思想也无疑受到了现代抽象绘画的影响。同样，丹尼尔·里伯斯金的建筑作品以其大胆的构思、独特的形态而被冠以解构主义、观念建筑等"标签"，这些标签的背后隐藏着他从现代抽象绘画的构成主义中汲取的营养。在他的作品中，常常用到倾斜的地板和不成直角的墙角来塑造建筑空间，给人以超乎寻常的震撼。

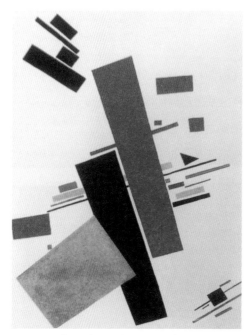

图 6-1　马列维奇《充满活力的至上主义》

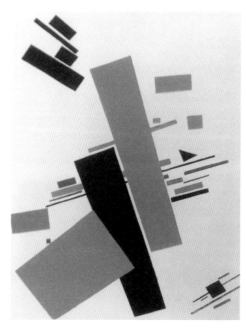

图 6-2　去色处理

当然，抽象绘画的风格和形式是千变万化的，对空间的表现方式也是多种多样的。不同创作者拥有不同的手法和手段：或是通过简单图形的组合，或是通过对细部特点的放大处理，抑或是图形的堆砌和叠加等。而不同的抽象空间可以转化成不同的建筑空间。

所以要对不同风格的抽象绘画进行建筑空间的转化分析，首先要将抽象绘画做一定形式的归纳，但这种归纳并不是从绘画手法的角度，而是依据画面所呈现的不同的空间感受。

6.1.1　拼贴的抽象空间

拼贴其实是图形间组合的一种方式，被用于拼贴的图形间，有尺度的区别，有比例的差异，有色彩的对比。这使得画面内容上体现出相对的整洁、完整，同时，在空间感的表现上体现了层次分明但空间通透的感觉。

此外，拼贴也可能是将所描绘事物的共性和相似点简化或合并，形成较完整的色块或图形形状，化零为整，使画面所呈现的物象相对统一和完整。此类作品画面图形相对简单，可以较为直观地转化为建筑空间的模型。

以马列维奇《充满活力的至上主义》（图 6-1）为例，马列维奇创立至上主义，追求动感和精神表达，但就空间表现而言，仍主张"画面分割，形象拼贴"。画面中将尺度不同的方形发散性地"拼贴"组合，表现画面的动感。

对画面的分析，首先应从色彩入手，可以将画面做去色或变色处理，并与原图进行对比，感受色彩表达出来的空间层次（图 6-2）；其次，将画面图形转化为空间模型，既可以是体块组合的空间，也可以是墙柱组合的空间（图6-3、图6-4）。

图6-3　体块空间

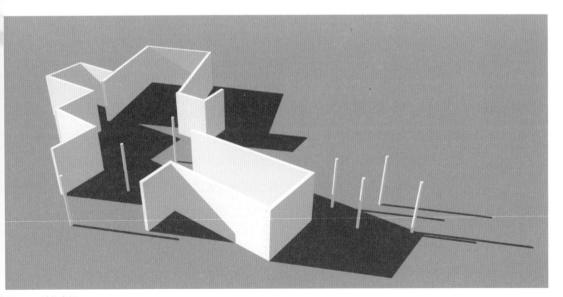

图6-4　墙柱空间

对于体块空间的分析，不同色彩的图形可转化为不同高度的形体，线条则可以转化为片墙；对于墙柱空间的分析，图形的边界可以转化为墙体，线条和图形交界的点可以转化为柱子。

由此，对于抽象绘画空间分析的步骤和对应方法可以基本确定，而这些基本步骤和原则也适用于其他类型的抽象空间。

分析步骤如下：

① 改变画面色彩，体会色彩对空间感的影响；

② 将画面转换成空间模型。

由二维平面向三维空间转化的对应原则如下。

（1）体块空间转化

① 图形对应空间体量。

② 点、线对应柱子、片墙等装饰性构件。

③ 不同色彩对应不同高度。

（2）墙柱空间转化

① 图形边界对应墙体。

② 点、线及不同色彩图形交叉点对应柱子。

6.1.2 "破碎"的抽象空间

"破碎"与"拼贴"相对，如果说"拼贴"是一种化零为整，那么"破碎"就是相对的化整为零。"破碎"是将所描写对象的细微特征放大，画面所表现出的图形元素将会相对不规则，或者说形式更加多样化，层次更加繁复。

"破碎"的表现手法使得画面给欣赏者更多自由理解的空间，因此，它所体现的空间极其丰富和分散，与"拼贴"所表现出的整洁和完整带给人通透的空间感相比，"破碎"形成的空间感、通透感较低，却更加丰富，给人以无限延伸的多样性空间体验。

而对于这类抽象空间的分析，由于画面复杂，可先进行图形简化的处理，再重复基本的步骤和对应方法。以意大利著名的未来主义抽象画派代表大师普兰珀

里尼《建筑空间》为例（图6-5），
通过画面本身，无法判断作者所描
绘的事物，在画面中，构图的元素
形式丰富且大都为不规则图形，色
彩多样，对比强烈，整个画面给人
一种支离破碎的感觉，但从中又能
体会到一种错落有致的空间层次。
首先，可以尝试将原作品中的色彩
相应地简化，提取具有代表性或相
近的色彩，将其合并形成较为整体
的色彩面积；其次，为了增加色彩
间的对比，使空间层次更加明确，
可以改变画面整体的色相、对比度，
甚至完全使用反向色彩；再次，将
其去色，即可得到层次明确的黑白
灰三色构成图，或再次重复第一个
步骤，进一步简化；最后，通过纸
质模型可以看出，处理后的空间酷
似街道入口处的景象，人们似乎能
从中看到在意大利，一条宁静、幽
深的小巷，两侧建有优雅别致的建
筑，高低错落，凹凸有致（图6-6、
图6-7）。小巷的进深感加上建筑的
空间层次，给人一种舒适、静谧的
建筑空间体验。

图6-5 普兰珀里尼《建筑空间》

图6-6 色彩重构

图 6-7　空间模型

图 6-8　柳博芙·波波娃抽象作品

6.1.3 "层叠"的抽象空间

"层叠"不同于前两项，没有"拼贴"或"破碎"一样明显的特征，"层叠"主要指一种画面中所形成的具有明显前后顺序关系的图形关系。其实，在绝大多数的画幅中都存在层叠的关系，即便是拼贴，也不可能对所有图形进行完全并列关系的排列组合。所以对于本节，主要研究对象是画面中主要依靠"层叠"进行空间表现的抽象作品——大色块绘画。

在大色块绘画中，纯色的几何形形体，是画面主要体现的语言形式。色彩和形体变化与其他形式抽象绘画相比较为简单，色块之间的空间关系，主要依靠层叠的手段来体现。形体间秩序感明确，通过基本方法的分析即可抽象出丰富的空间模型。

以柳博芙·波波娃的一幅抽象作品为例。柳博芙·波波娃是至上主义的追求者，她的作品追求毫无深度感的平面几何形，画面中图形互相重叠交错，甚至有穿插的效果，空间层次丰富且清晰（图 6-8 至图 6-10）。

6.1.4 "折叠"的抽象空间

与以上列举的几种抽象绘画表现手法不同，"折叠"更像是一种构图的样式，而且对于最初的建筑空间来说，由于种种限制，人们不可能将建筑平面无制约地平铺开来。所以，为了得到所需的空间，不得不将某些功能所需的空间折叠起来，在完成功能需求的同时，尽可能地减少所占用的空间，例如楼梯。

然而，随着建筑科学的发展，折叠的空间不再是单纯为了节约空间。人们发现，建筑空间的使用性，并不

图 6-9　色彩重构

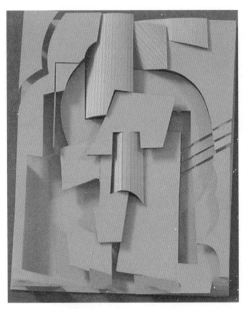

图 6-10　空间模型

以其开阔程度或面积大小作为衡量的指标。人们开始更加重视空间所带来的感受，空间的流动、空间的延伸、空间的通透等设计理念被提出。折叠的手法也渐渐为人们所熟悉，在一定程度上，折叠能满足现代建筑对空间的要求。

图 6-11　鲁索洛《起义》

在抽象绘画中，也有许多通过"折叠"构图的实例。在空间感受上，它们所表达的空间与建筑空间有异曲同工之处。以鲁索洛《起义》为例（图 6-11），《起义》是意大利未来主义诞生的代表作之一，折叠的"V"形构图展现了一种积极向上的信念和强大的推动力。

未来主义为庆祝现代世界工业和技术而生："我们宣布一个新的美，美的速度。赛车、汽车比胜利女神像（著名的古希腊雕塑，藏于巴黎的卢浮宫博物馆）更漂

图 6-12　色彩重构 1

图 6-13　色彩重构 2

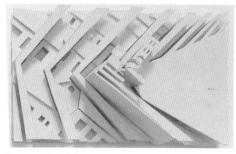

图 6-14　空间模型 1

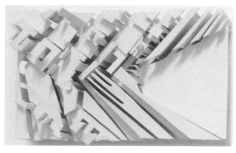

图 6-15　空间模型 2

亮。"未来主义旨在表达现代生活的活力、能量和运动。

《起义》表示革命热潮的力量，积极向上的折叠形式，配合充满热情的红色，象征了一种对抗的强烈情绪。在空间上，画面本身像是对一处高耸建筑的俯视，在视觉上有强烈的震撼，并表现出"折叠"形式的"层叠"效果。画面较为复杂，对于它的空间分析，首先可通过对画面空间的简化和几何化处理，在简化的基础上，进行色彩重构，最后转化成黑白灰三色构成，并制作抽象的空间模型（图 6-12 至图 6-15）。

由此可以感受到，"折叠"的构图带来的那种无限延伸、丰富多样的空间感受。

把抽象绘画的空间分为以上四类，主要是为了能更好地和建筑空间对应。"抽象"，顾名思义，是将自然事物基本特征抽离之后，加之以个人的思想感情再次表现。对于事物，这个过程称为概括或是简化；而对于绘画，这个过程更多地反映了作者对某一既定对象在空间、色彩方面深层次理解的再现，也造就了抽象绘画对空间表现的独特性。而这种独特性与现代建筑设计中空间的塑造和表现形成了至关重要的联系。

6.2 抽象绘画向建筑空间转化的实例分析

1. 实例一

马列维奇的《充满活力的至上主义》通过画面中图形间角度变化的拼贴，表现运动的动感，这种手法在扎哈·哈迪德的设计中得到了充分的应用，这幅作品也是我们讨论拼贴的抽象空间过程的重要画作。在画面中，既可以将形体转化成体块的关系，也可以转化成建筑墙体和柱网的关系组合。

将其转化成体块的组合，可通过体块的穿插和组合表现建筑体量的运动（图 6-16 至图 6-18）。

图 6-16　衍生的建筑体块空间模型 1

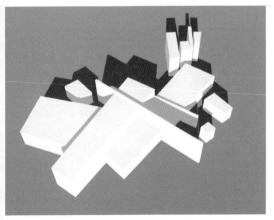

图 6-17　衍生的建筑体块空间模型 2

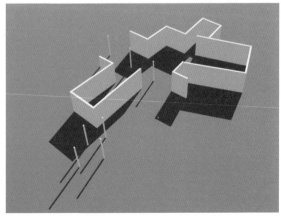

图 6-18　衍生的建筑内部空间模型

2. 实例二

图 6-19 这幅出自亚历山大·罗德琴科之手的抽象画作，是一幅典型的通过"破碎"的表现手法形成的动感十足的画面，画面中充满了一种力学原理带来的理性，弧形的线条和中间的圆形组合成一个酷似眼睛的形状，而后面穿插的形体，仿佛矗立在城市中的一座座建筑物（图 6-20 至图 6-26）。

图 6-19 亚历山大·罗德琴科抽象画作

图 6-20 色彩构成调整

图 6-21 黑白灰三色构成图

图 6-22 衍生的空间模型

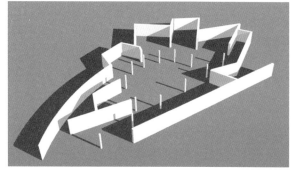

图 6-23 衍生的建筑内部空间模型 1

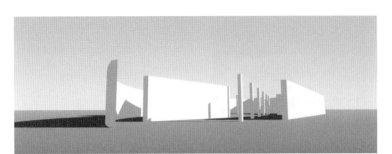

图6-24 衍生的建筑内部空间模型2

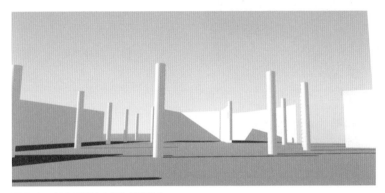

图6-25 衍生的建筑内部空间模型3

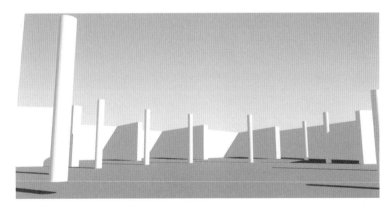

图6-26 衍生的建筑内部空间模型4

　　或许，亚历山大·罗德琴科想要体现的是一种透过人眼看到的城市建筑景象，但所谓的眼睛和建筑物，相互重叠，相互融合，将彼此分割成无数色彩对比鲜明、逻辑关系强烈的小色块。可以说，这是一幅理性与感性重复结合所形成的艺术产物。

图 6-27 维斯宁《平面练习曲》

图 6-28 色彩构成的调整

3. 实例三

图 6-27 是维斯宁《平面练习曲》，之所以称之为"平面练习曲"，是因为这幅作品对于平面构图的探索。这幅作品表达的图形语言极其简洁，直角梯形作为作品的主要构图元素，经过旋转、变色、缩放等转化手段，在图面中多次出现（图 6-28 至图 6-33）。

此外，除了"层叠"的手法，还体现了一定的"转化"思想。为了追求所表达画面或空间的丰富性，艺术家们通常会提高图形语言的多样性，图形之间的"变化"大大增大了空间的丰富。

但是，"转化"则从另一个角度，使得图像的空间表现呈现不一样的"丰富"。一方面，转化不同于变化，转化可以是对完全相同的平面形式，通过色彩、角度的适当调整，在视觉上带给观众不一样的变化；另一方面，转化也是变化的一种，却是一种极其细微的变化，比如等比例的缩放，它不是形式语言的变化，只是对于图形面积的转化。

相比于形式语言的变化，"转化"带给人们更多的是空间对比的体验。但是，相似的平面图形层叠组合，并没有使空间单调；相反，相似的图形，由于尺度相近，它们的组合带给观者另一种通透、宽敞的空间体验。

图 6-29　黑白灰三色构成

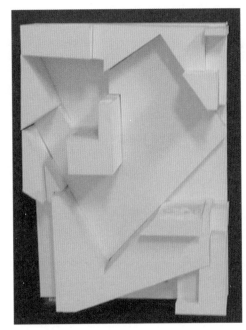

图 6-30　衍生的空间模型 1

图 6-31　衍生的空间模型 2

图 6-32 衍生的空间模型 3

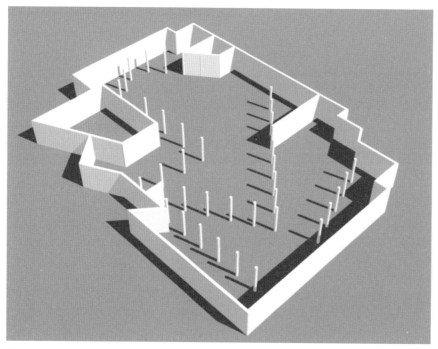

图 6-33 衍生的空间模型 4

4. 实例四

图 6-34 为蒙德里安《红色、黄色、蓝色构图》，将图形进行拼贴，通过色彩的明暗深浅进行对比，画面中简单的方形被赋予了一定的秩序和韵律，同时，在空间感上，图形也具有了一定的层次区分。在我们将其转化为建筑空间的过程中，首先，对图面进行去色处理，由于原有色彩具有深浅关系，因而去色后的图形图像可形成黑白灰的三色构成，这样图面的层次关系就更加明了；然后，通过自身对色彩层次的感受和理解，分别赋予不同色彩不同的高度，形成不同的空间体验；最后，可以通过纸质模型的制作，加深感受（图 6-35 至图 6-38）。

图 6-34 蒙德里安《红色、黄色、蓝色构图》

图 6-35 黑白灰三色的构成

图 6-36 衍生的建筑模型 1

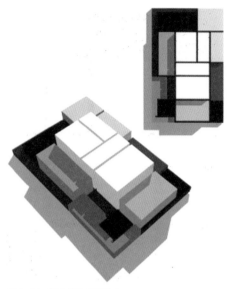

图 6-37 衍生的建筑模型 2

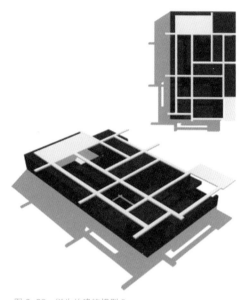

图 6-38 衍生的建筑模型 3

　　从这一部分我们可以看到，对于不同的体验者，同一幅画作形成的空间也不尽相同。我们可以将其转化成不同体量建筑组合而成的群组空间，也可以将其转化成单一建筑的细部空间划分。但必须说明的是，两种不同的形态都显得非常合理。唯一的解释就是，原画中对于图形比例尺度的处理，完全适用于建筑空间的比例尺度；而对于建筑设计，无论单体还是群组，本质都是相同的，那就是对合理空间的创造。正确的比例尺度的空间是建筑成功的必备条件之一。

　　5. 实例五

　　图 6-39 为胡札的抽象画作，胡札与蒙德里安一样，同样是风格派代表人物，他们的画风也有许多相近之处。画面中点、线、面元素的应用纯粹而又完美；图形间重

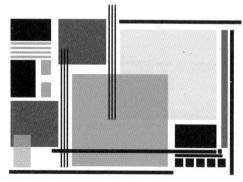

图 6-39 抽象画作

叠较少，整个画面的空间完全通过图形组合和拼贴
而成。

　　画面整体呈现的图面关系清晰简洁，空间关
系较为直观，同样也可根据自身理解，进行色彩
构成的调整（图6-40）。然后通过为平面图形增
加高度，将其转化为三维立体模型，所得成果颇
有几分风格派建筑大师们的设计风格（图6-41至
图6-44）。

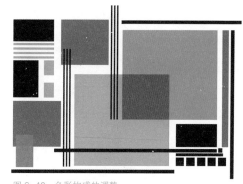

图6-40　色彩构成的调整

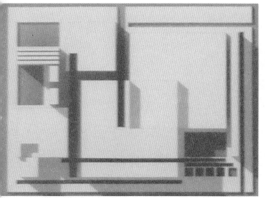

图6-41　衍生的建筑体块空间模型1

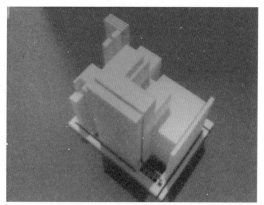

图6-42　衍生的建筑体块空间模型2

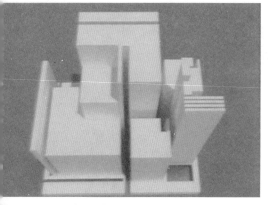

图6-43　衍生的建筑体块空间模型3

图6-44　衍生的建筑体块空间模型4

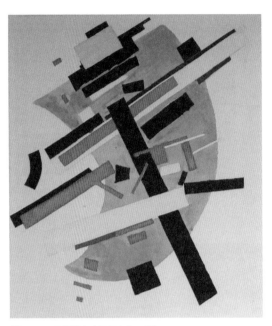

图 6-45 马列维奇《航行中的飞机》

6. 实例六

图 6-45 为马列维奇《航行中的飞机》，画面中通过长方形形体的拼贴，组合底层弧线形状，展示马列维奇对动感的追求。其中，图形间角度的变化使得画面更加符合建筑形态的规律。按照前面作品的分析方法，我们同样可将其进行色彩重构并演变成建筑空间形态（图 6-46、图 6-47）。

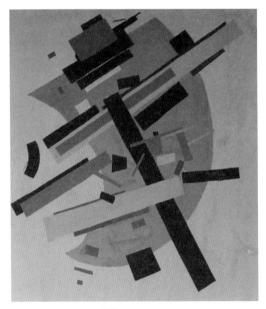

图 6-46 黑白灰三色构成

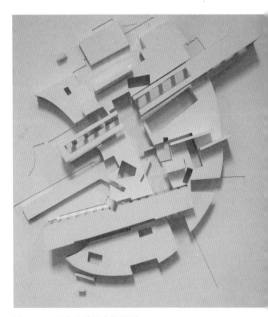

图 6-47 衍生的建筑空间模型

图 6-48　米哈伊尔·瓦西列维奇·马丘兴《无目的》

图 6-49　色彩构成的调整 1

图 6-50　色彩构成的调整 2

7. 实例七

图 6-48 为米哈伊尔·瓦西列维奇·马丘兴《无目的》。"无可名之形"的抽象绘画特点依然存在，除了画面中心两个清晰的对置的三角和围绕中心的一条断断续续的环形之外，其余的图形不但形态千差万别，而且都处于完全自由的状态，任意两种形态之间没有任何逻辑关系。

然而，作者通过三角及围绕三角的黄色环形，巧妙地凸显了构图的中心，并将众多毫无关联的、支离破碎的、散落在画面各个位置的自由平面图形和谐地组织到一起。

从最终的成果中，我们更能直观地体验空间感受，画面所带来的空间感受绝对可以称为"奢华"——有交叉的三角空间，有平行的网格空间，有狭长的延伸空间，有宽阔的平坦空间等。整个画面给人的感觉犹如一座巨型的圆形广场，无限延伸，无限开阔，无边无际！

按照前面作品的分析方法，我们同样可将其进行色彩重构并演变成建筑空间形态（图 6-49 至图 6-51）。

图 6-51　衍生的空间模型

8. 实例八

图 6-52 为塔特林《卖鱼人》。塔特林是俄罗斯先锋派画家，画面是对人物肖像的抽象，通过色彩的对比和形体的几何化而完成（图 6-53、图 6-54）。

图 6-52　卖鱼人

图 6-53　图面简化

图 6-54　衍生的空间模型

图 6-55　风景如画的建筑学

9. 实例九

图 6-55 为柳博芙·波波娃《风景如画的建筑学》。柳博芙·波波娃是至上主义的追求者，她的作品追求毫无深度感的平面几何形，不同形式的平面几何形体通过七个层次的重叠交错，形成了作者想要表达的立体空间。

图面中，形体间有着明显的秩序感，层叠次序一目了然，平面的几何形体自身虽然不具有深度感，不能体现体积和空间，但通过"层叠"，平面形体被赋予了一定的秩序和次序，从而也完成了平面向立体转换的过程（图 6-56 至图 6-59）。

图 6-56 色彩构成的调整 1

图 6-57 色彩构成的调整 2

图 6-58 黑白灰三色构成

图 6-59 衍生的空间模型

第 7 章
抽象绘画与建筑空间构成基础教学的探讨

在我国，系统的建筑学设计专业基础教育更偏重于学生写实主义描写能力的培养，绘画技法是重要的培养手段，但现代建筑空间则呈现出抽象与立体的特征，与现代抽象绘画非常一致，因此，传统的技法式的写实主义的基础教学方式已受到了极大的冲击与挑战。

在中国，直到20世纪中后期，社会建设的大规模跨越式发展，建筑学专业才真正受到广泛的关注。在中国社会现代化的变化过程中，在现代主义文化的影响和大众审美的不断变化中，对建筑设计专业现代空间创新的要求也在不断地提高。因此，建筑设计基础教学正面临前所未有的压力和挑战。传统教学传授给学生们更多的是特定审美模式传统教条下的设计思想和技巧，而并非对现代建筑空间造型设计根本的思考，这样的技巧训练在某种程度上充满了对个性创造的束缚，学生在设计中往往忽略了自我感受和创作因素的表达。从某种程度上说，这是对学生创造力的抹杀，现代建筑教育这种教学模式亟待改善。而探索将抽象绘画与现代空间训练融为一体的新的教学方式，一方面可以改善现有教学体系中对现代艺术缺乏研究的现象；另一方面能培养学生空间感知的基本能力，并为其创造力的发挥积累素材，奠定基础。

7.1 空间构成教学现状中存在的问题

1. 现有基础教学模式对培养学生现代建筑空间感认知的能力影响不足

对于建筑设计的本质而言，其实就是现代空间的塑造。对于一件成功的建筑作品的欣赏，学生看到更多的是其空间的复杂性和丰富程度，却忽视了空间形成的过程和其抽象的本质。包豪斯教师克利曾认为，所有复杂的有机形态都是由简单的基本形演变组合而成，如果要掌握复杂的自然形态，关键在于了解自然形态形成的过程，同时赋予自然形态以生命力。同样地，对于现代建筑空间的塑造，也要求对于基础空间有足够的感知和认知的能力，这正是学生们的不足之处。由于缺乏对现代空间的基础感知认知能力，他们的作品更多地表现出对一些设计技巧的模仿和复制，缺少空间创造的生命力。

2. 学生对现代艺术审美及其综合性认识的欠缺

建筑设计行业发展至今，已经不仅仅是一门纯技术科学，更是空间艺术的创造。如果说对现代空间的认知是建筑创作生命力的根源，那么对现代艺术审美及其综合性的认识就是创作生命力的灵魂。对现代空间的感知，结合设计师自身的意识形态，成就了建筑空间的多样性和丰富性，但是自身的意识形态在创作中的应用并不是随心所欲的。什么才是真正有强烈艺术感，符合现代审美基本规律，能够令人心潮澎湃的建筑空间，这需要设计者自身有较高的现代艺术素养和审美认识。

对于建筑学专业的学生，艺术审美及其综合性认识的建立，除了在整体教学各环节学习中积累以外，更重要的是给予其早期的基础训练教育，这也是现在建筑学专业教学涉及较少的方面。现代抽象绘画可以说是抽象空间变现的一个重要方面，看似杂乱无序的画面，其中却蕴含着严格的现代美学规律，画面中的图形通过抽象产生，但又完美地体现了美学中所要求的现代内涵。将现代抽象绘画作为研究对象，对于培养学生认识现代艺术审美及其综合性是非常有效的。

3. 学生对现代时空观念理解的误区

建筑时空观念是人类在文明发展过程中对建筑自身的场所、形状、大小、方向、距离、排列顺序等空间要素的感知与建筑事件发生的先后顺序、速度快慢、持久短暂等时间要素的感知的综合体验，以及由此引发的抽象思维与空间构成的应用，即三维空间与时间结合在一起的连续无限的时空统一体。对建筑来说，与过去的不同之处就是不把人看作静止不动地从一个角度观赏体验，而是从内到外、四面八方，在时空流动中体验建筑。从相对论来说，也可以说建筑同时围绕着人动或人不动展现出同时性运动。只有在动中才能真正体验到时间这个概念。可以看出，时空观念对于现代建筑设计是一个重要的思维方式。

时空观念的培养是一项长远的基础教学任务，现有的教学方式在最初的思催过程中就造成学生对时空理解的不完整。众所周知，国内建筑学专业最为主流的基础训练之一就是素描的训练。素描是西方写实主义绘画的重要手法，在时空观念上，素描是特定时间单一空间的描绘，是简单唯一的时空观，这种传统的技法式的教学方式塑造了学生对时空观念理解的误区——建筑的设计是单一的三维空间，是一点透视的空间体验。而现代建筑时空是空间的流动、时间的跨越，成功的建筑作品应该体现时间、空间的穿插与融合，体现基于现实又高于现实的精神。而这正是现代抽象绘画所力求体现的一个方面，与写实主义技法式的训练方式相比，现代抽象绘画对于学生时空观念的培养更具有非常重要的现实意义。

4. 学生对于空间构成的逻辑思维不够清晰

除了上述几项不足之处，学生还面临一个重要的问题就是在建筑设计过程中，空间逻辑思维的理性不足。学生普遍都存在逻辑思维与形象思维脱节的问题，但建筑设计恰好是两者之间的结合，缺一不可。归其根本，建筑学是一门严谨的技术科学，是理性与感性结合的成果，因此，在对建筑师的培养上，逻辑思维和形象思维完美的结合是教育的根本目标。现代抽象绘画正是逻辑与形式抽象的完美结合，这个有别于传统写实绘画的根本，为现代建筑学空间的抽象与立体提供了较好的基础关联。

正因如此，将现代抽象绘画与建筑学初步教学空间训练联系起来，是一次新的基础教育的勇敢尝试，而这种教学尝试要做的就是寻求一种合适、合理的方法培养学生自我的创造基础与抽象空间的认知能力。

7.2 抽象绘画与空间训练教学的思路与方法

1. 教学思路

对于刚刚步入大学的新生，中国特色的应试教育所强化的学习习惯，给抽象绘画与空间训练教学带来了一系列问题。在大学之前，中国学生完全适应了应试教育的方式方法，甚至形成了惰性，学习知识的方法极其被动，导致学生缺乏探索精神，习惯于接受约定俗成的东西，接受棱角分明的、非此即彼的理论知识。但这恰恰是创新教育所不希望、不愿意他们吸收的内容，授之以鱼不如授之以渔，这才是创新教育所应该体现的道理。

因此，在抽象绘画与空间训练的教学中，首先要打破这种"填鸭式"的教学模式。对现代抽象绘画与建筑空间的基本认知，不能仅停留在被动接收的阶段，要让学生亲身理解与体会，积极、主动地去探索其中的规律和内涵，认知"抽象"与"立体"之实质，并通过这类抽象绘画和建筑抽象空间融合转化的动手训练，培养学生在空间构成方面的逻辑和创新思维的能力。具体教学训练方法归纳如下。

2. 教学方法

（1）色彩重组与色块搭配训练：色彩的空间构成

色彩是影响人们对绘画作品感受的最为直接的条件之一，色彩的明暗、深浅，对作品所体现的空间体量关系、顺序关系有极大的影响。而且，色彩也是现代抽象绘画与传统绘画空间表现手法的重要区别之一。传统绘画大多选用调和色或是相近的色系，强调光源色与环境色，维持画面的和谐，这也是写实主义手法的表现；而现代抽象绘画在这方面则更为理性，更强调客观事物自身的纯净色彩，大多选用纯色系进行画面表达，形成画面中强烈的反差对比，而抛弃了光源色、环境色对事物本身纯洁色彩的遮盖，这是一种对自然真实的理性的尊重，是内心情感的直接表达，也更好地诠释了画面的色彩空间感。

色彩重组搭配的联系，应选取一些画面简单的抽象绘画作品为对象，给予学生充分的色彩理解和思索空间，发挥自身想象力、创造力，在色彩上去重新构建大师作品。通过实践训练，从而得到对空间色彩色块关系的初步感知。

　　例如，施米特·罗特卢夫《Drei Frauen Meer》（图 7-1），本身的图面色彩非常丰富，通过色彩的强烈对比关系，在规整中凸显活泼，搭配经典的色彩与硬朗的造型设计，再突出拼接色块，更好地表现了人物形象与背景空间的层次关系，是色彩感知训练的优秀素材。对于这幅作品的训练，通过色块的拼接和组合，强调能够在变化中保持一定的色彩秩序的训练特点。当然，对于色彩的训练，手法因人而异，是非常多种多样的，可以先将原画中的色彩提取出来，为色彩训练提供参考（图 7-2）。例如，本身色块的重新搭配，颜色的色相、纯度、明度（图 7-3 至图 7-6）都可以成为色彩训练的手法，尝试通过改变所用色彩的基本属性，来凸显整个画面的进深与层次感，使得平面空间通过色彩表达而更加立体，为空间想象力的培养打下良好的色彩构成基础。

　　（2）图形的抽象与感知能力培养：平面与空间构成手法的认识

　　进一步锻炼学生对于抽象空间构成方法的认识。选取图形关系较为复杂的现代抽象绘画作品，让学生通过自己的理解和认识，从画面中"抽象"出空间体块的图形元素。再通过着色的手法表现自己所理解的空间体块的色彩关系。总结对于平面空间的抽象，这种训练手法还可以借助透视方法推理抽象绘画中形体形成的过程，通过这个过程，学生不仅可以更深切地体会抽象绘画对空间的表达，更能清晰、准确地完成对平面空间提炼的尝试。

图 7-1　Drei Frauen Meer

图 7-2　作品所用色系

图 7-3　色块重组

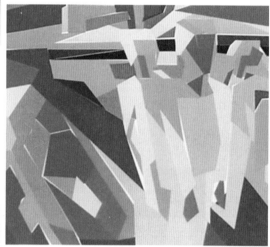

图 7-4　色相改变

图 7-5　纯度改变

图 7-6　明度改变

　　以凡·高《圣玛丽 – 德拉梅尔海边的渔船》（图 7-7）为例，说明平面空间抽象的具体方法。首先，通过对画面透视关系的分析，我们可以推敲出画面形体形成的思路和过程（图 7-8）。然后根据这个过程，科学、准确地对画面空

图 7-7　圣玛丽 – 德拉梅尔海边的渔船

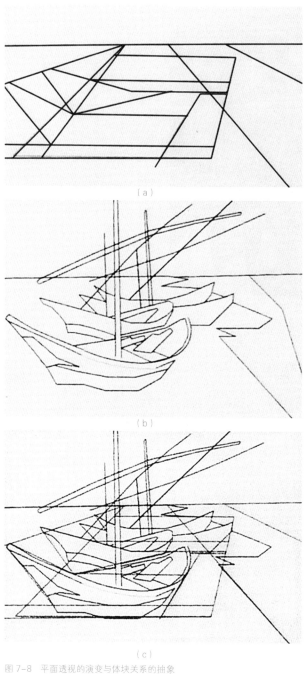

（a）

（b）

（c）

图 7-8　平面透视的演变与体块关系的抽象

间进行抽象，可以结合画面色彩用色块表达抽象出的空间关系（图 7-9）。最后将抽象出的空间再次进行几何化的处理，使其能更好地与建筑空间训练的基本功形成联系（图 7-10、图 7-11）。

（3）从现代抽象绘画作品中体验建筑空间：通过模型构成能力的培养感知空间与构成空间

在前两个训练步骤的基础上，对经自我思考的"抽象"构成所得来的平面空间图形赋予一定的空间高度和形式，这需要一定的空间逻辑关系，再转化为空间立体的建筑空间三维概念模型。通过这一步的训练，加强学生对于空间感知、时空概念、空间构成等方面的基础认识。

形态可以说是最基础的设计元素。在练习中，从不同学生对色彩的直觉和心理效果出发，用科学分析的方法，把复杂的色彩现象还原为简单的基本要素。同样，形态作为视觉色彩的载体，总有其一定的平面体量，因此，

图 7-9 平面空间的色块抽象

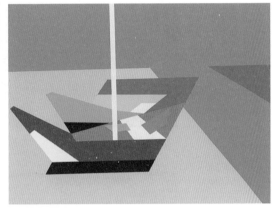

图 7-10 抽象空间几何化 1

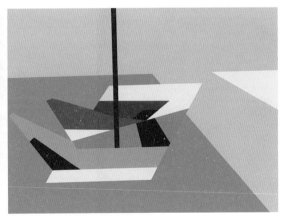

图 7-11 抽象空间几何化 2

从这个意义上说，面积也是色彩不可缺少的特性。例如，选择塔特林的一幅抽象画平面构成作品《卖鱼人》作为原型，通过之前所学的各种手法进行色块抽象、构成进化（图 7-12），最后生成空间体态构成的模型（图 7-13）。

图 7-12　图面简化

图 7-13　衍生的空间模型

7.3　抽象绘画与空间训练教学成果分析

1. 作品一

以利西茨基著名的抽象画作（图7-14）为原型。该练习侧重于训练弧线与直线所组成的几何形在改变其色相、亮度等情况下，颜色感知及形体转换能力。

尝试选择不同的色系对原图进行色块重选与形体拼接（图7-15、图7-16）。通过三到四组练习体会颜色所划分的异形平面空间，并采用浅浮雕的形式，将所分隔的空间进行下沉与上浮的空间体的变化（图7-17）。

图7-14　利西茨基抽象画作

图 7-15 黑白灰三色的构成

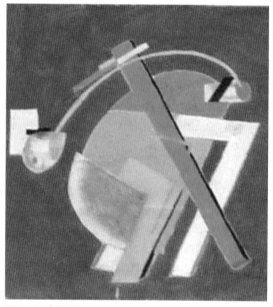

图 7-16 色彩重构

图 7-17 抽象空间提炼

练习通过分别改变其灰度、纯度、色相等，从而形成不同的彩色及无彩色构图形式。灰色作为设计中的中性色，具有柔和多变的特点，是平凡、温和的象征；白色具有发射、扩张感，给人以明朗、透气的感觉，具有清净、纯洁、轻快的象征性。

尽管灰调的处理与彩色的重组比单纯的黑白处理复杂得多，但通过该练习，从浅色调到深色调的变化和重新进行色块构成的思考与体验过程中，增加画面的层次与设计感，培养学生对于不同色彩的情感表达的认知能力，进而训练学生对不同建筑材料所体现的色彩情感元素的关注及准确理解不同建筑材料的心理情绪暗示。

2. 作品二

选择一到两个线构成图案为模板原型，以伊利亚·格里戈里耶抽象画作《运动中的垂直轴线》（图 7-18）为例，尝试体会其图底之间的构成关系。同时，分别对其进行两组彩色与黑、白、灰色色调、色块重组的实践训练，并根据所创作的新的色彩构成，来制作两到三个反映其图底关系与空间错落感的空间体模型。

说到图底关系，脑海里会浮现一幅幅轮廓清晰的图像，图像的具体形式无关紧要，重要的是，能够认可这种对比分明的表达方法及空间构成手法。

该练习侧重培养学生理解互补色与中间色（图 7-19、图 7-20）在色彩构成中的应用，以及图底关系在空间体模型中的具体体现（图 7-21），为学生理解建筑空间构成的层次奠定基础。

在初步掌握图底关系的基础上，进而尝试运用图底分析这种方法，分析不同尺度下的建筑甚至城市空间的关系、建筑使用的积极空间和消极空间的关系，分析公共空间和私密空间的图底关系。

但是，不光尺度有"图底关系"，还有色彩的"图底关系"、秩序的"图底关系"、内部功能的"图底关系"等，而这些都是在今后的建筑空间构成学习中所要着重思考的问题。

图 7-18 运动中的垂直轴线

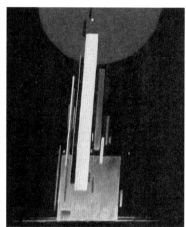

图 7-19 图底处理（对比色）

图 7-20 图底处理（中间色）

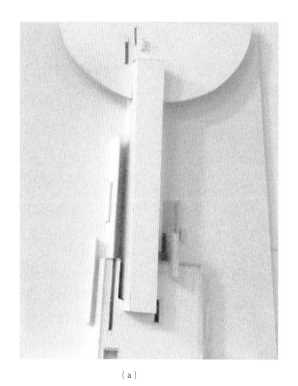

（a）

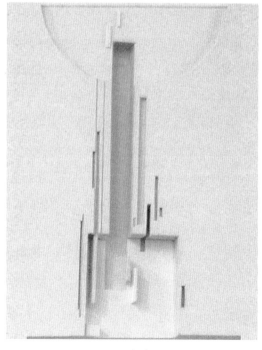

（b）

图 7-21 衍生的抽象空间模型

3. 作品三

选择一到两个复杂程度不同的平面构成，如克鲁尼抽象作品，分别进行二维（图7-22）和三维上的演化，并通过制作素模和色彩模型来体会不同形式的空间体所带来的光影及立体效果。同时，可以将所制作的立体构成进一步衍生成建筑模型，进而体会从单纯的空间体到实际的建筑形体之间的转化过程，下面列举的两个学生作业可以清晰地说明这个问题（图7-23、图7-24）。

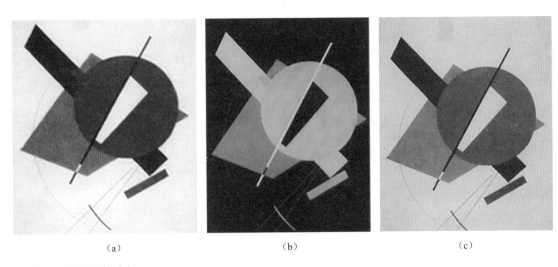

(a) (b) (c)

图7-22 二维平面图形的演变

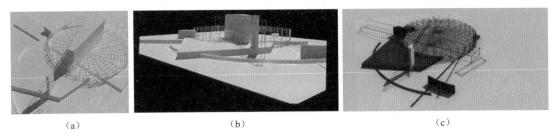

(a) (b) (c)

图7-23 学生作品方案一

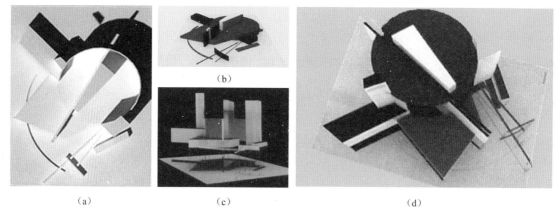

（a）　　　　　　　　　　（c）　　　　　　　　　　　（d）

（b）

图 7-24　学生作品方案二

　　图形创意的过程，是一种运用视觉形象进行的创造性思维的过程。学生通过该练习，尝试体会从平面到空间的微妙联系及精彩的视觉关系，利用其联系思考建筑空间的问题。

　　在很多时候，构成训练完全局限于平面的狭小空间里，构成的思维被紧紧地束缚了。如何突破这种束缚，追求空间构成创新中的特殊魅力，是应该在基础教学中去积极探索和学习思考的问题。

　　因此，该训练旨在培养学生从多角度、多思维空间去思考造型的能力，而不应该单纯从平面的视觉效果中去推敲形体的构成规律。

　　4. 作品四

　　该练习着重培养学生对平面体与空间体的构成与相互转化能力，以及对平面体轮廓色与填充色的搭配能力。以康定斯基的一幅由简单几何形通过重复、穿插、重叠组成的彩色构成作品《Black And Violet》（图 7-25）为原型，首先训练学生对轮廓和填充色的重构（图 7-26），然后将图面去色（图 7-27），通过图底关系及改变色调、纯度等手段（图 7-28），得到三至四组不同的构成图形，由此衍生出能反映空间体基本构成思想的立体模型（图 7-29）。

图 7-25 Black And Violet

图 7-26 改变轮廓和填充色

图 7-27 黑白灰三色调的构成

图 7-28   利用图底关系的转化

图 7-29   衍生的抽象空间模型

　　空间构成是一个现代造型概念，其含义是指将不同或相同形态的几个几何形的单元重新组合成一个新的单元，构成对象的主要形态包括自然形态、几何形态和抽象形态，并尝试通过改变其轮廓线与填充肌理的颜色，赋予其视觉化的、力学化的观念。

　　空间构成的这个基本原理为教学改革的尝试指明了方向，新的教学训练通过平面构成探讨二维空间与三维空间的构成方式。构成形式主要有重复、近似、渐变、变异、对比、集结、发射、特异、空间与矛盾空间、分割、肌理及错视等。这些构成方法的层次区分及综合应用适应了学生的认识规律，通过对抽象绘画的构成关系的研究达到了建立学生基本建筑空间构成的语言元素这一积极目的。

参考文献

［1］韩林飞.关于现代抽象绘画的空间思考：一个建筑师眼中的西方与东方［J］.
南京艺术学院学报（美术与设计版），2013（3）：17–25.

［2］韩林飞，兰棋.时空交互、色彩立体、由表及里、综合感知：抽象绘画与空
间构成训练基础教学的尝试［J］.中国建筑教育，2015（2）：77–89.

［3］韩林飞，金雅雯，程佳伟.勒·柯布西耶与金兹堡：20世纪两位建筑理论与
实践的全才大师［J］.世界建筑，2015（8）：110–117.

［4］康定斯基.论艺术的精神［M］.查立，译.北京：中国社会科学出版社，
1987.

［5］叶蔚冬，魏春雨.从平面构成到建筑造型：关于建筑造型的一种思维方式的
再认识［J］.华中建筑，2002（4）：38–40.

［6］严晨，杨智坤.抽象艺术设计思想在网页设计中的应用［J］.科技与出版，
2011（5）：60.

［7］富永让.勒·柯布西耶的住宅空间构成［M］.刘京梁，译.北京：中国建筑
工业出版社，2007.

［8］柯布西耶.走向新建筑［M］.陈志华，译.天津：天津科学技术出版社，
1998.

［9］勒·柯布西耶基金会.勒·柯布西耶与学生的对话［M］.牛燕芳，程超，译.北
京：中国建筑工业出版社，2003.

［10］柯布西耶.东方游记［M］.管筱明，译.上海：上海人民出版社，2007.

［11］柯布西耶.模度［M］.张春彦，邵雪梅，译.北京：中国建筑工业出版社，
2011.

［12］塞缪尔.勒·柯布西耶的细部设计［M］.邓敬，殷江，王梅，译.北京：
中国建筑工业出版社，2009.

［13］朱雷. 空间操作［M］. 南京：东南大学出版社，2010.

［14］程大锦. 建筑：形式、空间和秩序［M］. 刘丛红，译. 天津：天津大学出版社，2008.

［15］陈正雄. 抽象艺术论［M］. 北京：清华大学出版社，2005.

［16］东京大学工学部建筑学科，安藤忠雄研究室. 勒·柯布西埃全住宅［M］. 宁波：宁波出版社，2005.

［17］让热. 勒·柯布西耶书信集［M］. 牛燕芳，译. 北京：中国建筑工业出版社，2008.

［18］佐尼斯. 勒·柯布西耶：机器与隐喻的诗学［M］. 金秋野，王又佳，译. 北京：中国建筑工业出版社，2004.

［19］彭一刚. 建筑空间组合论［M］. 北京：中国建筑工业出版社，1998.

［20］王昀. 建筑与音乐［M］. 北京：中国电力出版社，2012.

［21］杨晓斌. 毕加索［M］. 大连：大连理工大学出版社，2014.

［22］越后岛研一. 勒·柯布西耶建筑创作中的九个原型［M］. 徐苏宁，吕飞，译. 北京：中国建筑工业出版社，2006.

［23］王昀. 空间的界限［M］. 沈阳：辽宁科学技术出版社，2009.

［24］杨茂川，徐龙飞，盛超赟. 建筑空间创意与表达［M］. 长沙：湖南科学技术出版社，2010.

［25］张慧颖. 柯布西耶的绘画与建筑［D］. 上海：同济大学，2008.

［26］罗云. 柯布西耶的建构性研究［D］. 天津：天津大学，2011.

［27］陈星. 试论西方抽象绘画艺术［D］. 保定：河北大学，2007.

［28］徐露露. 西方现代绘画空间的形式拓展［D］. 济南：山东师范大学，2014.

［29］兰棋. 抽象绘画与建筑形态和空间设计的关系研究：以扎哈·哈迪德作品为例［D］. 北京：北京交通大学，2014.

［30］杨建华.20世纪初的抽象艺术对建筑影响之探讨［D］.泉州：华侨大学，
2006.

［31］尚蕾蕾.抽象艺术理论及其艺术表达形式研究.［D］.金华：浙江师范大学，
2009.

［32］齐宛苑,矫苏平.精神的纯创造:勒·柯布西耶的建筑与绘画和雕塑探讨［J］.
华中建筑，2007（2）：26-29.

［33］童明.机器,建筑:柯布西耶是如何思考建筑的？［J］.建筑师，2007（6）：
15-22.

［34］金秋野.一位建筑师的完成：读《勒·柯布西耶书信集》［J］.建筑学报，
2008（10）：92-93.

［35］董豫赣.建筑物体［J］.建筑师，2007（1）：30-36.

［36］大师系列丛书编辑部.扎哈·哈迪德的作品与思想［M］.北京：中国电力
出版社，2005.